KB144067

ancing joy in travel : Removing Obstacles to Satisfaction

더 즐겁게
여행하는 방법

버지니아 머피-버먼 지음
이 훈 · 김소혜 옮김

ß (주)백산출판사

이 저서는 2019년 대한민국 교육부와 한국연구재단의 지원을 받아 수행된 연구임(NRF-2019S1A5C2A02082896)

옮긴이 서문

　행복이란 무엇인가? 사람은 어떤 상황에서 행복을 느끼는가? 행복의 본질적 구성 요소와 행복을 얻기 위한 조건은 일찍부터 철학자들의 주요 관심 주제였다. 하지만, 고대철학자들의 행복 담론은 현재 우리가 생각하는 행복과는 다소 차이가 있다. 행복을 너무 에우다이모니아(eudaimonia)로만 접근하여 육체적 활동이나 헤도니아(hedonia)의 감각적인 쾌락은 소외되기 때문이다.

　예를 들어, 아리스토텔레스에게 행복은 인간이 추구하는 최고의 도덕적 선(善)과 관련된다. 스토아학파에게 금욕은 행복에 도달하기 위한 핵심 실천 요소였다. 반면, 에피쿠로스 학파는 쾌락의 극대화를 통해 행복한 삶을 얻을 수 있다고 보았다. 그러나 이들에게 쾌락은 육체적이고 감각적인 쾌락을 말하는 것은 아니다. 쾌락은 신체의 고통이 없으며 정신적으로 불안과 근심이 없는 상태를 가리키기 때문이다. 동아시아적 관점에서 행복과 육체적 쾌락의 관계는 더욱 멀어진다. 유가(儒家)의 경우, 안빈낙도와 같이 청빈한 삶을 강조하며 도덕적 가치로서 행복을 강조한다. 도가(道家)에게 행복은 윤리적 선악의 판단과는 상관없이 자연과 우주 속 몰입을 즐기는 것과 직결된다. 더 나아가서, 불교는 사후 열반을 가장 궁극적으로 추구해야 할 행복으로 본다.

그렇다면 현대의 우리들도 과거의 철학적 전통을 따라서 고결한 정신적 가치로 행복을 보아야 할까? 21세기 초에 본격적으로 등장한 긍정심리학(Seligman & Csikszentmihalyi 2000[1])은 우리의 현실과 조금 더 가까운 답변을 찾는 데 도움을 준다.

긍정심리학은 개인 각자가 삶 속에서 인지하고 지각하는 수준에서 행복을 바라본다. 개념적 행복에 머물지 않고, '행복한 삶'에 초점을 맞춘다. 즐겁고(pleasant), 몰입하며(engaged), 의미 있는(meaningful) 삶을 사는 것은 행복한 삶의 조건이 된다(Seligman 2011). 즉, 자신의 과거, 현재, 미래에 대하여 긍정적 감정을 느끼고, 원하는 활동에 열정적으로 몰입하여 자아 실현을 이루고, 자신의 행동에서 소중한 의미를 발견하는 것을 통해 행복에 도달한다는 것을 의미한다. 이렇게 긍정심리학은 정신적 차원과 육체적 차원을 모두 중요하게 고려하여 행복에 접근한다.

여행은 정신적, 육체적 행복을 경험할 수 있는 가장 좋은 수단이다. 실제로 여행은 인간의 단일행동 중 행복감이 높은 활동 중 하나이다. 여행에 대한 사전 기대, 여행을 체험하는 순간 느끼는 풍요로운 감정들, 일상으로 복귀 후 추억 회상, 여행 경험에 대한 이야기 나누기 등 다양한 삶의 장면 속에서 여행은 다면적으로 구성된다. 따라서 여행이 어떤 부분에서는 소비적이고 물질적 활동에 한정된 경험일 수 있으나, 또 다른 부분에서는 여행자에게 자

---

1) Seligman, M. E. P., & Csikszentmihalyi, M. (2000). Positive psychology: An introduction. American Psychologist, 55(1), 5-14. DOI:10.1037/0003-066x.55.1.5.

신의 본질에 대하여 깊이 탐색할 수 있는 기회를 제공한다(Van Boven & Gilovich 2003). 여행은 순간적 쾌락과 의미 발생이 입체적으로 나타날 수 있기에, 관광학은 행복과 여행의 관련성에 대한 체계적 탐색을 확장할 필요가 있다.

이 책은 여행으로 다가가는 행복에 대한 탐색서이다. 저자는 여행을 여행지에서 얻는 현장 경험으로 제한하지 않고, 여행 전 경험, 여행지 경험, 여행 후 경험이라는 연속되는 경험들의 통합물로 제시한다. 따라서 감정, 인지평가, 의미 생성, 사회적 교류 등 다양한 차원에서 여행과 행복이 관련됨을 폭넓게 다루고 있다. 이 책의 또 다른 특성은 여행 경험을 만들어 나가는 주체를 여행자에 한정하지 않는다는 점이다. 여행자뿐만 아니라 여행 서비스 제공자의 역할도 모든 여행 장면에서 강조되고 있다.

따라서 독자들은 실용서이자 이론서로 이 책을 활용할 수 있다. 관광학 연구자는 저자가 소개한 긍정심리학에서 다루는 여러 개념들 및 선행 연구를 참고하여 자신의 연구에 적용할 수 있다. 또한 관광산업 현장의 서비스 제공자에게는 고객의 만족을 극대화할 수 있는 최적의 서비스를 찾는 안내서가 될 것이다. 여행자들은 자신의 여행 속에서 웰빙을 높일 수 있는 실천 전략을 찾을 수 있을 것이다. 많은 독자들이 다양한 시선으로 여행과 행복의 교차점을 확인했으면 한다.

이 책의 한국어판이 나오기까지 많은 분들의 도움이 있었다. 우선, 번역사업을 재정적으로 지원하는 한국연구재단에 감사드린다. 또한, 멋진 번역서를 출판하기까지 아낌없는 노력을 해 주신

백산출판사에 감사드린다. 마지막으로, 한양대학교 석사 졸업생 김수용 씨와 한양대 행복연구센터의 송섭규 박사에게 감사의 마음을 전한다. 유년기를 미국에서 보낸 김수용 씨의 조언 덕분에 문화적 맥락 차이를 반영한 매끄러운 번역이 가능하였고 송섭규 박사의 도움으로 조금 더 유려한 한국식 문체로 가다듬을 수 있었다.

이제 본격적으로 저자의 이야기를 시작하면서 즐거운 책 속 여행을 떠나보자!

들어가면서

왜 여행하기를 좋아하는 많은 이들이 때때로 여행에서 실망하고 행복을 찾지 못할까? 여행산업에 종사하는 사람들은 불만이 없는 여행, 최상의 여행 경험을 고객에게 선사하기 위하여 무엇을 할 수 있을까? 임상 심리학자이자 열성적인 여행가인 나는 이러한 질문들에 새로운 관점으로 해답을 제시하는 책을 쓰고 싶었다.

책을 읽으면서 독자들은 여행의 본질과 여행 중 흔히 부딪히는 문제의 해결 방법에 대해 생각해볼 수 있다. 이 책은 심리학적 이론과 연구 결과를 바탕으로 한 전략들을 소개한다. 여행 서비스 제공자들은 고객의 긍정적인 여행 경험을 확장하고자 할 때 소개된 전략들을 활용할 수 있다.

책의 폭넓은 활용을 위하여 다음과 같은 주제를 담았다. 어떻게 여행자들의 성격이 여행 만족에 영향을 주는가? 왜 여행에서 완벽을 추구하고 SNS에 그려진 비현실적인 여행을 따라 하는 것이 여행의 즐거움을 망가뜨리는가? 여행에서 피로와 지루함을 극복하기 위해 무엇을 할 수 있는가? 여행이 끝난 후에도 여행자가 여행에서 얻은 즐거움을 지속적으로 향상시킬 수 있는 것은 무엇인가?

이 책은 학생, 교수, 호스피탈리티 산업과 여행산업 종사자뿐만 아니라 여행 심리의 복잡성에 대해 보다 깊이 이해하기 원하는 사람이라면 반드시 읽어야 할 책이다. 여행을 잘한다는 것이 어떠한 의미인지를 배우고자 하는 모든 이들에게 유용한 안내서가 될 것이다.

키워드

여행[travel]; 여행사[tourist industry]; 호스피탈리티 산업[hospitality industry]; 여행자[travelers]; 관광자[tourists]; 여행의 단계[stages of travel]; 여행 기대에 대한 기술(技術)[art of travel anticipation]; 여행 수용성[travel receptivity]; 여행의 추억과 회고[travel reminiscing and reflecting]; 성격과 여행[personality and travel]; 여행자 캐릭터의 장점과 여행[character strengths and travel]; 빅데이터[big data]; 고객 맞춤형 여행[customization of travel]; 경험으로서의 여행[travel as experience]; 행복[happiness]; 웰빙[well-being]; 음미하기[savoring]; 개인-환경 적합도[person-environment fit]

차례

서언

　우리는 전례 없이 물질적으로 풍요로운 시대에 살고 있다. 이는 우리가 편리한 일상을 위해 다양한 것들을 취사선택할 수 있다는 것을 의미한다. 집 안에서의 편안함이 보장된 이러한 상황에서 우리들이 집으로부터 멀리 떨어지는 여행에 점점 더 많은 돈을 쓰고 있다는 것은 흥미로운 일이다. 비록 코로나바이러스 유행이 우리의 여행 목적 및 방법에는 약간의 변화를 주었지만, 여행이 충족시키는 심리적 욕구는 크게 바뀌지 않을 것 같다. 여행은 삶에서의 도망이 아니라 삶을 완전히 수용하기 위해 추구된다. 여행의 모습이 미래에는 조금 달라질 수도 있지만, 기억에 남는 경험을 통한 여행의 즐거움은 줄어들지 않을 것이다. 집에서 조금 떨어진 곳으로 여행하는 경우에도, 혹은 지구 반대편을 돌아보는 경우에도 말이다.

　여행은 우리에게 너무나 중요하기 때문에 나는 여행이 주는 이점에 대해 좀 더 잘 음미할 수 있는 책을 쓰고 싶었다. 이를 위해 국내외를 여행하거나 세계 여러 나라에서 거주하며 얻은 나의 개인적인 경험을 활용하였다. 다양한 상황 속에서 나는 여행이 선사하는 최선과 최악의 경우를 목격해왔다. 여행이 어떻게 우리의 삶을 헤아릴 수 없을 정도로 향상시킬 수 있는지, 그리고 어떤 여행은 얼마나 끔찍할 수 있는지를 보았다.

또한 여행의 효용은 나의 장기 연구 주제이다. 나는 임상 심리학자이자 교수로서 무엇이 삶의 웰빙을 증진시키는지에 대한 연구를 해왔고 그에 대해 학생들을 가르쳐왔다. 연구 및 수업 중 토론을 통해 배운 점은 행복은 우리 인생 속 거대한 사건에서 오지 않는다는 것이다. 오히려 일상적이고 사소하지만 특별한 방식으로 우리에게 감동을 선사하는 것으로부터 행복은 온다. 여행에서도 행복의 발생 조건은 동일하다. 따라서 이 책에서 무엇이 여행에서 즐거운 만남을 낳거나 실망스러운 상황을 만드는지 알아보면서 궁극적으로 행복에 대해서 이야기하고자 한다.

이 모든 것은 하나의 공감대를 전제로 한다. 그것은 우리는 여행에서 틀에 박힌 똑같음이 아니라, 진짜로 생생하게 느껴지는 특별한 무언가를 찾는다는 것이다. 이 책은 이러한 발견을 돕기 위해 여행자와 여행 서비스 제공자들의 협력 방안을 살펴본다. 특별한 무언가를 찾게 될 때, 비로소 여행은 행복으로 가는 진정한 마법이 될 수 있다.

감사의 말

이 책을 쓰기 위해 시간을 보내는 동안 나와 함께 인내해준 나의 남편 존에게 감사의 말을 전한다. 책을 쓰는 사람의 곁에 있기는 쉽지 않다는 사실을 나는 충분히 알고 있다. 존과 나는 수많은 여행을 함께 다녔다. 이 책에 쓰인 많은 이야기들은 우리가 함께한 여행에서 얻은 놀라운 경험에 기반한다. 존은 내가 좋아하는 여행 동반자일 뿐만 아니라 최고의 글쓰기 조언자이자 지지자이다. 수많은 수정원고를 읽은 그의 조언과 제안 덕분에 양질의 책을 쓸 수 있었다. 그에게 무한한 감사의 말을 전하고 싶다.

머리말

진정한 여행은 새로운 풍경을 찾는 것이 아니라 새로운 시각을 가지는 것이다.
– Marcel Proust

점점 더 많은 사람들이 휴가 또는 일을 목적으로 여행을 한다. 사실 관광은 이미 전 세계적으로 하나의 거대한 산업이 되었다. 예를 들어, UN World Tourism Organization(UNWTO 2020)에서 발표한 자료에 따르면 2019년 기준 전 세계 15억 명의 사람들이 해외여행을 하였다. 이는 전년도 대비 4% 증가한 수치이며, 1950년에 산출된 자료보다 68배 증가한 것이다(Roser 2020). 여행자 수 증가뿐만 아니라, 여행 횟수 또한 증가하고 있다(Oppermann 1995). 대부분의 사람들은 일 년에 한 번 이상 휴가를 즐긴다. 여행으로 인한 수출 흑자도 두드러지는데, 2019년에는 무려 1조 7천억 달러에 도달하였다(UNTWO 2019).

물론 현재 코로나바이러스의 세계적 유행은 여행을 일시적으로 방해하고 있다. 이것이 미래 여행에 대한 모습을 어떻게 변화시킬지에 대해서는 알려진 바가 없다. 그러나 여행하고자 하는 욕망은 결코 수그러들지 않을 것이며, 세계를 탐험하고픈 우리의 방랑벽 또한 줄어들지 않을 것임은 자명하다.

우리들 대다수에게 여행은 불멸의 꿈이다. 대부분의 경우 여행은 의심할 여지없이 매우 즐겁다. 그러나 간혹 비현실적으로 높은 기대를 꿈꾸기도 하며, 그러한 기대에 부응하지 못하는 여행도 많다. 실제로 많은 이들은 꿈꾸었던 휴가가 항상 완벽하지는 않다는 사실에 실망하곤 한다. 또는 기대했던 여행이 끝나고 다시 여행 전의 일상으로 돌아간 후 실망감을 느끼기도 한다. 이전의 여행보다 더 많은 돈을 소비하더라도(Fox 2019), 혹은 여행 계획을 수립하는 데 더 많은 노력을 기울이더라도(Adams 2016) 이런 결과가 나타날 수 있다.

　이 책에서는 겉보기에 그림처럼 완벽한 여행 일정과 가장 훌륭한 숙박시설을 이용하면서도 왜 사람들은 종종 실망하게 되는지에 대해 이야기할 것이다. 다음으로 이러한 실망을 줄이고 긍정적 여행경험을 최대화할 수 있는 여행자와 여행산업 종사자 간의 협력 방법에 대해서 알아보고자 한다. 또한 사람들이 여행 중 갖는 생각과 행동이 어떻게 만족과 행복을 높이거나 혹은 불만과 불행에 이르게 하는가에 대해서도 이야기하고자 한다. 즉, 행복을 끌어올리고 불만을 낮추기 위한 방안을 연구하고자 한다. 이 책은 관광 및 긍정심리학에 기반을 두고 있다. 긍정심리학은 개인이 자신의 삶을 최적화시키고 발전시키는 경험의 조건에 대해 탐구하는 분야이다(Gable and Haidt 2005; Seligman 2011).

　본질적으로, 여행을 잘한다는 것은 우리를 둘러싼 환경 속 긍정적인 것에 반응하고 진정한 순간들을 마주할 수 있는 능력을 높이는 것을 의미한다. 이상적인 공간 창조나 이국적 여행 환경 조성이 성공적인 여행을 보장하는 것이 아니다. 오히려, 성공적인 여행은 여행자 스스로가 행복을 찾을 수 있도록 환경을 조성하고, 이와 관련된 경험을 늘리는 방법을 배우는 것과 관련이 있다.

이 책의 구성

   이 책은 2개의 주요 막(幕)과 18개의 장(章)으로 구성되어 있다. 1막에서는 이 책에서 다루는 논의의 전반적 토대를 제공한다. 여행에 대한 배경 및 역사에 대한 짧은 총론과 우리가 추구하는 긍정적 여행 결과의 본질을 정의한다.

   2막에서는 1막에서 논의되었던 긍정적인 여행 경험을 만드는 데 여행산업 종사자들이 기여할 수 있는 방법에 대해 탐색하고, 이를 위해 극복해야 할 장애물에 대해서 분석한다. 분석은 세 부분으로 나뉘어 전개되며, 각 파트는 여러 장으로 구성되었다. 1부는 여행의 기대 단계에 대한 탐색과 긍정적이고 생산적인 기대 단계를 만들기 위해 여행자와 여행 서비스 제공자가 할 수 있는 것들에 대해서 이야기한다. 2부는 여행 중 여행자들의 만족을 높이기 위해 여행 서비스 제공자들이 사용 가능한 전략들에 대해 분석한다. 마지막 파트인 3부는 여행 후 경험들에 대해서 논의한다.

   이 책은 가상의 여행 환경에서 발생 가능한 문제 상황과 토론 주제를 독자들에게 제공한다. 질문의 목적은 여행가 혹은 여행산업 종사자로서의 독자가 지닌 경험에 기초하여 각 장에서 다루는 내용 간의 연결고리를 만드는 능력 함양에 있다. 따라서 사례 연구에 정답과 오답은 없다. 사례 제시의 목적은 독자가 실제 여행 상황에서 발생할 것 같은 쟁점과 관련된 이론 및 개념의 확장과 적용을 돕는 데 있기 때문이다. 쟁점 탐색 과정에서 중요한 핵심 아이디어를 소개한다. 따라서 이 부분을 건너뛰지 않기를 바란다.

그럼 1장 여행에 대해 전체적으로 살펴보자.

제1막

여행단계 설정하기

시대 흐름에 따른 여행의 변화
: 선조들은 왜 그렇게 여행하기를 싫어했을까?

세상은 한 권의 책이며, 여행을 하지 않는 사람들은 오직 책의 한 쪽만 읽게 된다.
- St. Augustine

① 여행의 목적은 무엇인가? [travel: what is the purpose?]

여행에 대한 본격적 논의를 펼치기에 앞서서, 사람들이 여행을 원하는 이유에 대해 간단히 이야기해보자. 여행을 좋아하는 혹은 싫어하는 이유에 대해서 아마도 우리는 각자 서로 다른 이야기를 할 수 있을 것이다. 앞에서 간단히 언급했듯이 여행이 주는 보상은 찬란할 수 있으나, 동시에 여행은 우리에게 극도로 괴로운 고통을 줄 수 있기 때문이다.

이러한 점을 생각한다면 완전한 의무도 아닌 여행에 대해 왜 이렇게 신경 쓰는지에 대해 의문이 들지도 모른다. 그냥 집에 머무르면서 편안함과 즐거움을 높여주는 물건을 더 사면 되지 않을까? 안락한 침대를 들이고, 대형 텔레비전을 사고, 부엌 찬장에 음식을 잔뜩 채우고, 포근한 실내복을 사 입고 집 안에서 편안하게 휴식을 취할 수 있다. 혹은 세상에 대해 배우거나, 이국적인 곳을 알고자 하거나, 아름다운 풍경을 보고 싶다면, 의자에 앉아 여행이나 자연과 관련된 TV버라이어티 쇼를 편하게 감상하면 된다.

이러한 상황에서 여행을 한다는 것은 다음과 같은 질문을 낳는다. 이동에 따른 번거로움을 이겨낼 정도로 여행이 중요한가? 우리가 여행에서 추구하고자 하는 것은 무엇인가? 왜 우리는 안락한 집을 떠나 결과와 보상에 대한 예측이 불가능한 먼 곳으로의 여행을 주저하지 않는가? 사람들은 왜 여행이 지금보다 훨씬 더 위험했던 시절에도 여행을 했던 것일까?

이러한 질문들을 바탕으로, 먼저 여행의 본질은 무엇인지, 그리고 시간에 따라 이것이 어떻게 변화해왔는지에 대해 간략하게 이야기해보자.

② 여행의 어제와 오늘[travel today and yesterday]

옛날 조상들이 생각하는 여행은 오늘날 우리가 생각하는 여행과 매우 달랐다. 그때의 여행은 정서적으로 힘들고 피곤할 뿐만 아니라, 신체적으로도 고되고 매우 위험한 활동이었다. 집에서 멀리 떨어진 세상을 보고자 하는 욕구를 지니거나 여행이 가능한 수단을 지닌 사람은 극히 드물었다.

사람들은 보통 매우 도구적이고 구체적인 목적을 위해 여행을 하였다. 기근이 돌 때 식량을 찾는 목적이나 성지를 순례하려는 종교적 목적으로 길을 떠났다. 또는 무역 교류를 활성화하기 위해, 혹은 병을 치료하기 위하여 여행을 떠났다(Csikszentmihaly and Coffey 2016). 현대의 우리와 같이 단순히 재미를 목적으로 여행을 떠나는 경우는 거의 없었다.

조상들이 보기에 지금의 우리는 꽤나 이상하고 다양한 이유로 여행을 떠나고 있고, 여행에서 만족을 주는 요인도 다양할 것이다(Chen, Mak and McKercher 2011; Moscardo 2011). 예를 들어, 우리는 현대적인 삶이 주는 압박에서 달아나고자 하는 추진[push] 요인 때문에 여행을 한다. 또한, 모험을 하고 싶거나, 아름다운 장소에 가고 싶거나, 혹은 단순히 휴식을 취하려는 유인[pull] 요인 때문에 여행을 한다(Crompton 1979; Andersen, Prentice and Watanabe 2000 참조).

하지만 구체적으로 어떠한 동기를 가졌는지에 상관없이 우리 대부분은 기억에 남는 경험을 얻을 수 있는 여행을 추구한다(Bowen and Clarke 2009; Pearce 2005; Schmitt 2003). 여행의 이러한 특성은 중요하다. 이는 실용적인 목적을 지닌 부담스러운 의무에서 우리의 삶에 더 충실해지려는 자발적 활동으로 변화하는 여행의 전환점을 반영하기 때문이다. 그렇다면 기억에 남는 경험을 얻는 것은 왜 중요할까? 그리고 우리는 왜 그러한 경험을 그렇게도 찾게 되는 걸까? 다음 질문으로 넘어가보자.

③ 경험으로서 여행[travel as experience]

때로는 수동적으로 상품을 소비하는 것보다 활동적으로 사물을 경험하는 것이 기쁨의 주요인이 된다(Van Boven and Gilovich 2003). 즉 우리는 경험을 통해 깊은 수준의 만족감과 의미 및 성취감을 얻는다는 것이다(이에 대한 상세한 논의는 Pine and Gilmore 1998의 경험경제 참조). 일부 연구자들은 구체적인 서비스나 상품 그 자체보다는 소비자가 서비스나 상품을 통해서 무엇을 어떻게 하는가를 중요하게 본다(Pine and Gilmore 2019). 여행지에서 우리는 수동적으로 참여하기보다는 능동적으로 활동하는 것을 더 원한다. 예를 들어, 독일 여행 중 많은 사람들은 해당 지역의 특산 빵을 어떻게 만드는지에 대해 현지 가이드의 설명을 듣기만 하는 것보다 스스로 그 빵을 만들어보는 체험을 더 선호한다는 것이다.

사람들은 자신들이 무엇을 볼지 그리고 무엇을 할지에 대하여 직접 선택하고자 하는 경향이 있다. 때문에 여행자는 적극적으로 경험을 창조할 기회가 주어지는 것을 더 선호한다(Mackenzie and Kerr 2013). 여행 가이드가 자신이 인솔하고 있는 관광자 중 몇몇이 식물과 꽃에 관심이 많음을 알게 된 후, 미리 짜여진 일정에서 벗어나 사람들을 유명 정원으로 안내하는 경우를 상상해 보자. 이것은 여행자와 여행 가이드가 함께 여행을 창조해나가는 사례가 된다.

많은 사람들은 여행 일정을 짜는 데 자신들이 좀 더 관여되기를 원한다. 활동적인 모험을 원하거나 일상에서 벗어나 조용하고 고요한 휴식을 원하는 경우 모두 이에 해당된다. 조직적으로 일정이 잘 짜여진 단체 관광을 떠나는 경우나, 세계 탐험을 위해 직접 계획을 세우기를 좋아하는 경우에도 마찬가지이다. 여행을 통한 최적의 결과물을 만들어내기 위해 서비스 제공자와 소비자 사이의 역동적이고 호혜적인 상호작용은 점점 더 중요해지고 있다.

다음 장에서도 여행을 잘한다는 것이 무엇을 의미하는지에 대한 논의는 계속된다. 여행자와 여행 서비스 제공자들 사이에 만들어지는 적극적인 협력 과정에 대해 좀 더 살펴보자.

2장

최상의 여행
: 여행은 삶을 윤택하게 만든다

확실히, 여행은 풍경을 보는 것 그 이상의 것이다. 이것은 삶에 대한 생각들 속에서 깊고 영구적으로 계속되는 하나의 변화이다.
― Mary Ritter Beard

1 미리보기

이번 장에서는 여행의 중요한 편익과 보상에 대하여 다룬다. 여기서 편익은 새로운 언어 학습과 같이 구체적이고 실용적인 보상부터 확장된 자아감[expanded sense of self] 획득과 같은 무형의 심리적인 효과까지 모두 포함된다. 여행지에서 얻게 된 편익과 보상은 여행이 끝난 한참 뒤에도 유지될 수 있다. 이는 우리 삶에 지속적이고 긍정적인 영향을 주는 여행의 힘을 높이는 데 공헌한다.

2 우리는 누구인가[definition of who we are]

앞서 논의한 바와 같이, 우리 중 대다수는 여행을 떠나는 동기가 무엇인지와 상관없이 여행지에서 눈길을 사로잡는 경험을 하기를 원한다. 그렇다면, 이러한 경험은 무엇이며, 왜 이렇게 중요한 것일까?

우선 논의할 것은 특별히 기억에 남는 여행 경험은 우리가 누구인지에 대한 정의 내리기를 도와준다는 점이다(Kurtz 2017; Filep, Laing and Csikszentmihalyi 2016). 그리고 이러한 경험은 우리의 정체성을 깨닫는 데 도움이 된다. 경험은 우리 자신들에 대한 이야기를 늘려나간다.

한 연구에 따르면, 사람들이 자신의 삶에 대한 이야기를 들려

달라는 요청을 받았을 때, 그들 중 대부분은 자신의 소유물이나 집 평수 등을 좀처럼 이야기하지 않는 경향을 보인다(Van Boven and Gilovich 2003). 반면, 여행에서 얻은 기억에 남는 순간들은 자주 언급되었다. 예를 들어, 우리는 중국에서 보냈던 시간이나 카리브해에서 수영하고 돌고래를 보았던 체험에 대해 이야기할지도 모른다. 이러한 경험들은 개인의 마음속에 계속 간직되어 인생 전반에 영향을 줄 수 있다. 혹은 자아를 폭넓게 확장하여 정의내리는 데 도움을 줄 수 있다. 진정성이 강하게 느껴지는 경험을 하거나 자신에게 매우 중요한 가치가 반영되는 경험을 했을 때 이러한 경향은 더욱 두드러진다(Desforges 2000).

기억에 남는 여행 경험에 대한 논의를 계속하기 위해 육체적, 심리적 에너지를 모두 다 써버려야지만 정복할 수 있을 정도로 매우 험난한 산을 당신이 성공적으로 등반한 경우를 상상해보자. 당신은 이러한 체험을 통해 과거 자신에 대해 생각했던 바를 완전히 바꿀 수 있다. 당신은 이전의 나보다 지금의 나를 더 강하고 용기 있게 볼 지도 모른다. 대조적으로, 만약 텔레비전 화면 속에서 그 산을 오르는 누군가를 그저 바라보고만 있다면, 당신의 자아감이 확장되는 일은 좀처럼 일어나지 않을 것이다.

자아의 확장은 그다지 위험하지 않은 여행 경험을 통해서도 발생할 수 있다. 예를 들어, 어떤 외국 도시를 방문하여 그 나라의 지하철 시스템에 적응하거나 새로운 화폐를 능숙하게 사용하게 될 때, 우리의 자아 효능감은 올라갈 수 있다. 여행 경험에서 얻은 사소한 성취가 자기 자신의 능력을 바라보는 눈을 변화시킬 수 있다.

이를 통해 우리는 자신감과 효능감에 대해 새롭게 생각하게 된다.

이와 관련된 흥미로운 실증 연구가 있다(Carter and Gilovich 2012). 연구 참여자들은 진정한 자아를 표현하는 자화상을 그리고, 자화상 주변에 주요 구매품과 중요 경험을 그리도록 요청받았다. 연구 결과, 참여자들은 구매품보다 경험을 자화상 가까이에 그리는 것으로 나타났다(Carter and Gilovich 2012). 이러한 배치는 우리의 마음 속 깊은 곳에서 우리 자신들은 소유가 아닌 행위를 통해 존재한다는 것을 의미한다(Kumar, Killingsworth and Gilovich 2014 참조).

③ 욕구 만족[need satisfaction]

최상의 여행을 통해 심리적 웰빙에 중요한 고차원적인 욕망이 충족될 수 있다. Abraham Maslow(1943)에 따르면 우리의 심리가 최적의 수준에서 기능하기 위해서는 안전에 대한 보장과 같은 기본 욕구를 충족하는 것은 충분조건이 될 수 없다. 자아존중 및 자아실현처럼 보다 상위의 욕구를 충족시킬 필요가 있다. 생계를 위한 본능적 욕구를 넘어서는 상위 차원의 욕구를 충족하는 것은 개인이 삶의 의미 및 목적에 대해 인식하도록 돕는다. 때때로 여행은 자아 확인과 같은 확장된 경험을 할 수 있는 기회를 주기 때문에 이러한 상위 욕구를 충족하는 데 도움을 준다(Kasser and Ryan 1996; Howell and Hill 2009).

예를 들어, 겨울 코트를 새로 사는 것은 몸을 덥히고 외부 환경으로부터 보호받고자 하는 욕구를 채울 수 있다. 그렇지만 이러한 구매는 편안함에 대한 단순한 욕구보다 더 갈망하는 삶에 대한 욕망을 채워주지 못한다(Maslow 1968). 후자에 대한 우리의 바람은 설탕, 초콜릿, 소금 등을 갈망하는 것만큼 강렬할 수 있다. 삶에서 진정한 만족은 헤도닉[hedonic]한 측면과 에우다이모닉[eudaimonic]한 측면 양쪽에 대한 만족으로부터 오기 때문이다(Seligman 2002; Waterman 2008). 전자는 우리가 생각하는 쾌락 및 안전에 대한 감각과 관련 있으며, 후자는 깊이 있고 의미 있는 경험들에 기초한 자아 초월성[self-transcendence]과 관련된다(Delle Fave, Brdar, Freire, Vella-Brodrick and Wissing 2011; Felip and Pearce 2014). 진정한 여행은 웰빙의 주요 두 측면 모두에 대한 만족을 선사한다.

④ 타자와의 사회적 연결[social connections to others]

새롭고 흥미로운 관계를 맺거나 기존 관계를 굳건히 한다는 점에서 여행은 우리가 타인과 관계 맺는 범위를 확장시켜준다(Pearce, Filep and Ross 2011). 때때로 우리는 고독감과 외로움이 낳은 괴로움을 극복하기 위해서, 혹은 타인과 특별한 순간을 공유하는 것으로 동지애를 높이기 위해서 타인과 관계 맺기를 원한다(Diener and Seligman 2002; Boothby, Clark and Bargh 2014). 사실 이러한 강한 유대감을 얻기 위해 항상 타인과 함께 여행을 할 필요는 없다.

개인적인 예를 들자면, 내가 특별히 기억하는 것과 동일한 경험을 한 누군가를 만났을 때 나는 특별한 유대감을 느낀다. 나는 그 사람에게 "아…당신도 네팔에서 등산을 했고 카트만두에 갔군요"라거나, "당신도 독일에 잠시 살았거나 이런저런 음악 축제에 갔었네요"라고 말할지도 모른다. 공통된 경험에 대한 인식은 다른 사람들에게 흔치 않은 지식 및 세상에 대한 이해를 공유했다는 감성을 낳는다(Caprariello and Reis 2013). 이러한 과정을 토대로 여행은 우리를 묶어 주는 강력한 접착제 역할을 할 것이다.

5 사회에 주는 영향: 사회적 자본의 증가[impact on society: increasing social capital]

여행에서 얻은 세세한 결과물은 때로는 잊혀진다. 그러나 여행을 통해 축적된 경험은 주변 사람들에게 보다 긍정적인 영향을 미칠 수 있다(Coleman 1988). 해외여행 및 해외에서의 1년간 거주 경험이 어떻게 나의 세계관을 바꾸었는지에 대하여 친구들과 이웃들에게 이야기한 적이 있다. 이후 그들은 여행에 대한 나의 열정 및 내가 들려준 이야기가 자신들이 여행을 떠나도록 자극하였으며, 세상을 새로운 시각으로 바라보는 데 기여했다고 말했다.

또한 사람들은 여행에서 특정 능력이나 기술을 습득하고, 여행을 마친 후 이를 다른 사람에게 전수해줄 수 있다. 예를 들어, 여행이 끝나고 집에 돌아온 당신은 친구들에게 악기를 연주해 주거나 새롭게 스카프를 매는 방식을 알려줄 수 있다. 또는 여행지에서 가져온 창의적이고 새로운 음반을 듣거나, 그곳에서 익혔던 새로운 댄스 동작을 집에서 시도할지도 모른다.

이 모든 경우에 사회적 자본은 증가하게 된다. 그리고 당신은 다른 사람들이 성숙한 관점으로 세상을 바라보도록 도움을 줄 수 있다. 때때로 여행은 개인에게 발생한 사소한 수준의 변화가 시간이 지나면서 더 넓은 범주의 사람들도 관련되게 만드는 파급 효과를 지닌다.

6 앞으로 다룰 이야기[where we go from here]

여행은 다양한 방식으로 우리의 삶에 수많은 것들을 더한다. 그러나 모든 여행 경험이 다 그렇다는 것은 아니다. 만약 준비가 덜 된 상태에서 여행한다면 그 여행은 실망스러울 수 있다. 혹은 몇 번이고 똑같은 것을 경험한다면 마치 물건에 적응하듯 여행 경험에 익숙해질 수 있다. 개인 성향에 잘 맞지 않는 여행을 한다면, 그 여행 자체에 대한 흥미를 잃을 수도 있다. 만약 경험이 가짜 같거나 인위적으로 느껴진다면, 해당 경험을 통해 얻는 즐거움은 사라지게 된다. 다음 장에서는 여행을 잘하기 위한 도전과제들에 대해 계속 이야기할 것이다.

제2막

즐거운 여행이 되기 위하여

1부

여행 전: 기대감 만들기

기쁨은 실행이 아닌 계획에서 나온다. – John Green

여행의 긍정적인 결과를 확실하게 얻기 위한 첫 단계는 계획을 잘 세우는 방법을 아는 것이다. 무언가를 적절히 계획하고 기대하는 것은 때때로 원하는 바를 실제로 얻는 것만큼 짜릿할 수 있다. 기대와 관련된 이러한 경험은 음미하기[savoring]의 첫 번째 조각이며(Bryant and Veroff 2007), 여행에서의 즐거움이 더 오래 지속되기 위해서는 여행을 기다리고 준비하는 것에 대해 확장적으로 사고하는 것이 필요하다.

이후 5개의 장에서 여행을 긍정적으로 기대하는 것과 여행을 준비하는 것에 관련된 특징들을 살펴볼 것이다. 긍정적 기대를 만드는 주요 과정 중 한 가지는 여행자 개인이 정보를 탐색하고 자기 자신의 준비 스타일에 잘 맞춰 여행을 계획하는 것이다. 사람마다 어떠한 경우에 준비가 되었다고 생각하는지, 무엇에 대해 신이 나며 희망을 가지는지, 무엇이 미래의 여행에 대한 상상력과 여행을 떠나려는 욕구를 자극하는지에 대해 다르게 생각한다.

또한 일반적인 여행 목표에 대해서, 그리고 목표를 세울 때 일반적으로 나타나는 몇 가지 장애물에 대해 이야기할 것이다.

3장

기대하기
: 누구나 완벽한 여행을 원한다

세계가 지옥처럼 느껴지는 것은 세상을 천국처럼 느껴야 한다는 우리의 기대 때문이다.
– Chuck Palahniuk

① 미리보기

이 장은 여행을 꿈꾸고 난 다음 현실적이고 실현 가능한 수준으로 여행 목표를 설정하는 것이 여행 계획 세우기에서 얼마나 중요한지에 대해 논한다. 완벽한 여행을 추구하거나 한 번의 여행을 통해 너무 많은 것을 얻고자 하는 등의 경우를 포함하여 여행 목표를 세우는 데 있어 우리가 흔히 저지르는 실수에 대하여 다루었다. 이러한 실수를 방지하기 위해 여행 플래너가 도움을 줄 수 있는 전략들도 살펴볼 것이다.

② 여행을 꿈꾸다[trip dreaming]

우리가 갈 수 있는 여행지에 대해 꿈을 꾸기 시작하는 순간부터 여행의 첫 단계는 시작된다. 이러한 꿈꾸기는 상당히 유쾌하기에 여행에 대한 기대가 진행되는 전 과정 중에서 가장 즐거운 부분이 될 수 있다. 그러나 여기서 주의해야 할 점이 있다. 여행자는 여행에서 자신이 진정으로 원하는 바를 꿈꾸어야 하며, 다른 사람이 했던 것을 통해 비현실적인 이상을 추구해서는 안 된다는 점이다.

여행을 떠나도록 자극하는 경로는 최근 더욱 다양해지고 있다. 예를 들어, 당신은 친구의 페이스북이나 인스타그램에 올라온 휴양지 리조트 여행 사진을 보자마자 바로 그 리조트를 방문하고 싶어질지도 모른다. 혹은 텔레비전에서 이국적인 장소에 들르는 환상적인 패키지 관광 프로그램을 홍보하는 크루즈 광고를 본 후, 그 크루즈를 타겠다고 마음먹을 수 있다.

그러나 이러한 이미지들은 모든 것이 최상의 상태로만 보이게끔 섬세하게 다듬어지고 가공된 산물이라는 데 문제가 있다. 예를 들어, 당신의 친구들은 하와이 전통 파티에서 행복한 시간을 보내는 모습을 담은 사진들을 SNS에 올릴 것이다. 이와 대조적으로, 공항에서 잃어버린 짐을 찾는 카운터 앞 긴 줄에 서 있는 자신의 모습을 올리려고 하지는 않을 것이다.

여행을 떠나도록 자극하는 이미지에 노출되는 것은 여행자가 다양한 선택 사항에 대해 생각해보는 것을 돕는다. 그러나 타인의 환상적인 여행 경험만을 보는 것은 여행자의 사고를 왜곡시킬 수 있다. 따라서, 이 장에서는 이러한 사고의 왜곡이 어떻게 그리고 왜 문제가 되는지에 대하여 이야기하고자 한다. 그리고 여행자들이 바람직한 결과를 얻게 되는 여행 목적을 수립하기 위해 여행산업 종사자는 무엇을 할 수 있는지 살펴보자.

③ 경향 극대화하기[maximizing tendencies]

여행이 불만스러웠던 원인 중 하나는(다른 사람들의 여행은 그래 보이듯이) 여행은 모든 것이 완벽해야만 하고, 그렇지 않으면 전부 수포로 돌아간다는 잘못된 사고에 있다. 이것에 대해 좀 더 살펴보자.

꿈꿔왔던 여행을 계획하는 과정에서 많은 돈과 체력을 써버리는 경우, 이것이 의미하는 바는 꽤나 명확하다. 여행에서 모든 것이 최고이기를 원한다는 것이다. 즉 여행의 모든 순간마다 최고의 음식을 먹고, 최고의 풍경을 보고, 최고의 관람을 하며, 가장 흥미롭고 모험이 넘치는 일에 참여하기를 원하는 것이다.

모든 면에서 완벽을 추구하는 이러한 목표는 극대화하기[maximizing]로 알려졌다(Cheek and Schwartz 2016). 극대화하기는 얼핏 보았을 때 모든 이들이 추구해야 할 가치 있는 목표처럼 보일지도 모른다. 그런데 왜 여행의 모든 부분에서 가장 높은 수준의 것들을 바라면 안 되는 것일까? 우리 모두는 그럴 만한 자격이 없는 걸까? 그렇지만 적어도 긍정적이며 포부에 찬 목표로 세울 만하지는 않을까?

그렇다면 지속적으로 오직 최고만을 추구하는 것은 몇 가지 주요한 단점을 지닌다(Iyengar, Wells and Schwartz 2006). 이에 대해 살펴보자.

우선, 여행에서 모든 부분에서 최고만을 얻는 것은 달성이 거의 불가능한 목표이다. 심지어 우리가 수행 가능한 완벽한 계획을 세웠다고 여기는 경우조차, 실제 여행은 우리의 완전무결한 계획에 미치지 못한다. 이것은 마치 새해 전날의 풀리지 않는 수수께끼와 같다. 때때로 사람들은 새해 전날 축하행사가 얼마나 완벽할지에 대해 비현실적으로 기대하지만, 그들 중 많은 이들은 실제 전날 전야제 행사를 보고 난 후 실망하게 된다. 완벽함에 대해 너무나 많이 이야기하거나 기대하는 것은 필연적으로 절정에 대한 반감을 불러온다.

완벽한 여행 추구의 또 다른 단점은 완벽함을 자기 자신 안에서 찾지 않는다는 점이다. 즉, 타인이 소유한 것과 비교를 통해 자신이 가진 더 좋은 것을 발견하는 것으로 완벽함을 추구한다. 크루즈 여행을 위하여 고급 객실을 예약한 여행자의 경우를 예로 들어보자. 예약 후 작년에 같은 크루즈를 탔던 직장 동료가 같은 가격에 더 좋은 방을 사용하였던 것을 알게 된다면 그는 상당히 억울하다고 느낄지도 모른다. 절대적 최고가 상대적 비교가 될 때, 이러한 정보 획득은 심각한 불행을 낳는다는 것이다.

마지막으로, 완벽한 휴가를 추구하는 것은 여행 대상을 즐기기보다는 스스로가 얼마나 똑똑하고 효율적인 사람인지를 자신과 타인에게 증명하고 싶은 마음에서 비롯될지도 모른다(Hughes and Scholer 2017). 이러한 방향성은 여행의 모든 것을 자아 존중감에 연결하기 때문에 위험하다.

위에 언급된 것들과 관련하여 흥미로운 연구결과가 있다. 항상 완벽함만을 추구하는 사람들[maximizers]의 경우 그렇지 않은 사람들[non-maximizers]보다 객관적으로 조금 더 나은 결과를 얻은 경우에도 덜 만족하며, 이는 그들이 항상 더 큰 무언가를 찾기 때문이라는 것이다(Iyengar and Lepper 2000). 이것은 완벽을 추구하는 것으로 행복해지려는 것은 사실상 어렵다는 것을 말한다.

시간에 대한 부담[imposed time pressures]

우리는 모든 부분에서 최고를 추구하도록 요구받고 있다. 동시에 빠르게 변화하는 세상에서 보다 많이 성취하고 끊임없이 움직이는 사람이 되도록 자기 스스로에게 압박을 가하고 있는지도 모른다. 그렇다면 좋은 여행이란 열정적으로 바쁜 것으로 정의될 수 있다.

성공적인 여행에 대한 이러한 개념화는 현실에서 여행에 대한 불만족으로 이어질 수 있다. 우리의 여행은 행선지를 여유롭게 둘러보고 감상하는 것이라기보다는 특정 지점에 방문하였는지를 확인하는 단순한 행위가 될 수 있기 때문이다(Bryant and Veroff 2007). 만약 모든 것을 다 해야 한다는 부담에서 벗어나지 못한 채 여행을 하게 된다면, 그 여행은 풍요로움과 기분전환을 선사하기보다는 피로감만을 남길 것이다.

 ## 현실적인 여행 계획 세우기[facilitating realistic trip planning]

그러므로 여행에서 완벽함만을 추구하는 경향[maximizing tendencies]과 시간에 대한 압박은 만족할 만한 여행 계획을 세우는 데 무거운 걸림돌이 될 수 있다. 이러한 심리적 편견은 개인에게 무의식적으로 영향을 주기 때문이다. 사람들은 왜 특정 종류의 여행을 떠나야 한다고 생각하는지, 혹은 왜 꿈꾸던 것과 다른 여행을 실제로 경험하게 되면 매우 실망하게 되는지에 대한 이유를 의식적으로 알아챌 수 없다.

함께 현실적인 여행 목표를 세우기는 여행 플래너가 여행자에게 도움을 주기 위해 개입할 수 있는 적절한 단계이다. 여행 플래너들은 여행자가 경험하고 싶어하는 여행에 대하여 듣고, 이를 바탕으로 최적의 여행 목표를 세우는 데 도움을 줄 수 있다. 그들은 여행자가 선호하는 여행 종류, 숙박 형태, 음식 취향 등을 종합적으로 살펴본 후, 각 개인을 위한 맞춤형 여행 일정을 짤 수 있다. 또한 여행지 선택에도 실질적인 도움을 줄 수 있다(Hague 2016). 그러나 이러한 긍정적 효과를 얻기 위해서 여행 플래너는 여행자가 무엇을 경험하기 원하는지, 왜 그런 특정 종류의 경험이 중요하고 필요한지에 대해 신중하게 듣고 접근해야만 한다.

여행 목적과 이유를 알게 된 후, 여행 플래너는 성공적인 여행을 방해하는 부담을 여행자 스스로가 만들고 있지는 않았는지 고객들에게 확인해 볼 수 있다. 실제로는 불가능한 종류의 완벽한 여행을 추구하지는 않는가? 타인에게 들었던 너무나 환상적인 여행 경험에 비추어 자신의 여행에 대한 아이디어를 얻고 있는 것은 아닌가? 돈, 시간, 에너지, 불편함 등 여행에서 반드시 치르게 되는 기회비용에 대해 잊어버리고 너무 많은 것을 원하지는 않는가? 조금 더 보편적으로 말하자면, 불편함과 짜증을 유발하는 경험 또한 여행의 일부임을 잊어버리고 즐거움만 계속되기를 기대하는 것은 아닌가?

위의 질문은 여행 플래너들이 고객의 여행 성공을 위해 고려해야 하는 사항이 고객의 기대와 흥미에 한정되어 있지 않음을 보여준다. 플래너들은 고객의 체력 수준, 피로 회복에 필요한 것들, 불편함에 대한 허용도, 참을성 등에 대해 이야기 나눌 필요가 있다. 이러한 주제에 대한 논의는 실현 가능한 여행 동기와 목표를 확인하는 데 도움을 준다. 때문에 관련된 이야기를 나눈 여행자는 더 높은 확률로 만족스러우면서도 실현 가능한 여행을 할 수 있다.

여행사들은 여행지에 대한 안내 책자나 사진을 제공하는 것에 머무르지 않고 보다 다양한 매체를 활용하여 다채로운 여행 풍경을 보여줄 수 있다. 호텔 웹 사이트에서 실제 방문객들이 남긴 개인의 경험에 바탕을 둔 리뷰 및 영상자료를 활용하는 것이 그 예이다. 일반적으로 여행자에게는 접근이 제한된 정보를 제공한다는 것은 해당 고객에게 다른 여행 환경에서 부딪칠 수 있는 현실적인 문제들에 대한 생생한 자료를 건넨다는 것을 의미한다. 다양한 자료를 활용하게 된 여행자는 어디에서 가장 편안함을 느끼는지, 어떠한 종류의 활동을 즐길지 등과 관련하여 의사결정을 할 수 있다. 필요하다면 여행사들은 고객의 허락하에 개인의 관광 선호도 관련 정보를 공유하고, 이를 반영하여 고객에게 적합한 인기 관광 프로그램을 미리 예약할 수 있다. 이러한 모든 과정은 여행자 개인이 선택한 여행 목표가 긍정적인 결실을 맺고, 그들이 여행에 대해 꿈꾸어 온 것에 실망하지 않도록 돕는다.

여행 준비 제대로 하기
: 망설임 없이 모든 것을 받아들이고 싶다

준비에 실패하는 것은 실패를 준비하는 것이다.
— Benjamin Franklin

① 미리보기

이 장은 여행에 대한 준비성과 수용성을 높이는 방법에 대해 이야기한다. 논의 주제는 여행지에 대한 충분한 정보와 실용적인 자료 얻기, 풍성한 현지 경험을 위해 여행지에 대한 배경 정보를 사전에 충분히 습득하기, 여행에서 겪게 될 일에 대한 점화 반응 [prime responsiveness]을 경험할 기회 주기 등과 같은 전략들을 포함한다. 이러한 전략들을 가장 잘 구현할 수 있는 방법을 살펴보기로 한다.

② 사실과 자료 활용하기[using facts and data]

여행의 목적을 정하고 여행을 떠나기 위한 실질적인 준비를 한다. 이것이 개인에게 가장 흔하게 나타나는 여행을 준비하는 모습이다. 만약 어딘가로 중장기 여행을 떠나려고 한다면, 숙소 예약, 렌터카 및 교통편 예약 등에 대한 계획을 세워야 할 것이다. 또한, 목적지에 도착하기 위한 운전길, 숙소의 주차 공간 확보와 같은 것에 대한 정보를 확실히 알아야 할 것이다. 관련된 모든 것들을 확인하고 나서야 우리는 비로소 여행이 준비되었다고 느낀다. 그러나 준비 과정에서 어느 수준까지 실용적인 정보를 사전에 모으는 것을 선호하는지는 개인마다 다르다.

어떤 이들은 자료 수집광[data lovers]이라 불려도 될 정도이다 (Bare and Bare 2017 참조). 이러한 경향이 높은 사람들은 목적지에 관련된 실용적인 정보를 가능한 한 최대로 수집하는 여행 준비 방식을 선호할 것이다(McCrae 2004). 예를 들어 여행지의 평균 기온과 날씨를 미리 알아본다거나, 식사하려는 모든 식당들의 메뉴를 찾아보고, 그 음식점과 머무르게 될 호텔 사이의 이동 거리를 미리 계산할지도 모른다. 가고 싶은 골프장, 수영하고 싶은 해변, 머무르고 싶은 호텔 후보지들에 대한 후기 검색을 즐길 수도 있다. 이들의 목표는 관련 정보들을 모두 수집함으로써 철저한 준비를 하는 것이다. 이러한 상태에 도달했을 때 확신을 갖고 일종의 안정감을 느낀다.

한편, 정반대의 경향을 보이는 사람들은 발견자들[discoverers]로 불린다(Costa and McCrae 1988). 이들은 여행 전에 너무 세밀한 사항까지 알게 되는 것을 좋아하지 않는다. 사실 과도한 정보 찾기는 다소 강박적이기에 여행자가 실망할 수도 있다. 이들은 여행에서 겪게 될 것들에 대해 이미 다 안다고 여기는 태도는 앞으로 다가올 여행에 대한 상상을 방해한다고 믿는다. 지나친 사전지식은 재미를 반감시키고, 향후 여행에서 새로운 발견이나 놀라움을 체험할 기회를 줄여버린다.

물론 대부분의 사람들은 양극단이 아닌 중간 어딘가에 위치한다. 우리는 잘 짜인 여행 계획을 세우는 데 도움이 되는 적절한 수준의 사전 정보를 선호한다. 또한, 예측하지 못했던 재미있고 흥미로운 일이 나타날 경우에는 사전에 계획한 여행 일정을 수정할 수 있다.

사전 정보를 어떻게 습득하고 여행에 활용할지는 사람마다 상당히 다르다. 여행 플래너들은 이런 차이에 민감해야 한다. 고객이 원하는 바에 맞춰서 필요한 정보를 제공해야 하기 때문이다. 그들이 고객 맞춤형 서비스를 제공하고자 하는 경우, 고객이 미리 어떠한 준비 방식을 선호하며 무엇을 알기 원하는지 구체적으로 아는 것이 유용하다. 이를 위해 여행 플래너들은 다음과 같은 질문을 던질 수 있다. 무엇을 통해 여행이 준비되었다고 느끼게 되는가? 이전의 여행에서 매우 도움이 되었거나 혹은 도움이 되지 않았던 정보는 어떤 종류였나? 여행을 떠나기 전 어느 시점에서 정보를 얻고 싶은가? 어느 수준까지 스스로 정보 찾는 것을 선호하나? 질문을 받은 여행자들은 이에 답변하기 위해 여행 플래너와 이야기를 나누게 된다. 이러한 상호작용은 그들의 여행 준비를 실용적으로 돕는다. 이것은 긍정적인 기대를 높이기 위한 핵심적인 요소이다.

 배경 정보 제공을 통한 여행 준비 돕기[helping us get ready by creating context]

실용적 정보 습득이 여행을 준비하거나 기대감을 형성하는 유일한 방법은 아니다. 일부 사람들은 여행지에서의 활동을 보다 잘 이해하고 그에 대한 진가를 알아볼 수 있도록 배경 정보를 습득하면서 여행을 준비한다(Kurtz 2017 참조). 특히 소위 말하는 인지 욕구[need for cognition]가 높거나(Cacioppo and Petty 1982), 여행에 대한 큰 그림을 체계적으로 그리고 싶은 사람의 경우 이러한 경향이 두드러진다. 사고체계[framework]를 갖추는 것은 우리의 세상을 지각하고 경험한 것에 대한 판단을 돕는다. 사고체계는 흩어지고 분리된 것처럼 보이는 사물들에 대한 일관성을 높여주는 역할을 한다(Skinner and Theodossopoulos 2011).

사고체계[framework]의 역할에 대한 이해를 높이기 위해 당신이 유럽에서 고딕양식으로 지어진 성당의 유명한 스테인드글라스를 보고 있다고 상상해 보자. 당신은 성당 창문의 스테인드글라스를 즐겁게 바라보면서 아름다움에 감탄하면서도, 작품에 대한 역사적 배경에 대해서는 전혀 알지 못할 수 있다. 구체적으로, 각 창문마다 재현된 성경 일화에 대해 모르거나, 글라스 조각의 다양한 밝은 색상을 표현하기 위해 고대 공예가들이 사용하였던 복잡한 처리기법에 대해서 모를 수 있다. 만약 당신이 성당에 방문하기 전에 그와 관련된 지식들을 알았더라면 작품에 대한 인지적 접근 방식은 매우 달랐을 것이다.

지식 습득 그 자체가 우리에게 더 좋은 관람 경험을 보장하지는 않는다. 그러나 이는 전혀 다른 시선에서 그 작품을 감상하는 것을 도울 수 있다. 맥락[context]은 인식에 의미를 부여한다. 맥락은 사람들의 경험을 풍부하게 만들고, 진가를 알아보고 경이로움을 느끼도록 돕는다.

물론 여행자가 맥락[context]을 얻는 방법은 다양하다. 뉴올리언스로 가는 여행을 계획하는 사람의 경우, 호텔은 고객의 개인적 선호도에 맞춰 뉴올리언스 배경의 역사 소설이나 그 지역에서 촬영한 TV 프로그램 및 영화 등의 제목 목록을 고객 방문일 전에 전달할 수 있다. 또한, 뉴올리언스 음식, 음악, 건축 양식에 대한 강의나 도시를 강타한 허리케인의 영향력에 대해 토론하는 프로그램 등의 링크를 제공할지도 모른다. 목록은 더 늘어날 수 있다. 아무튼, 요지는 고객은 이러한 배경 정보를 통해 무미건조한 가이드북 속 묘사 너머 진짜 뉴올리언스에 대해 알 수 있다는 것이다. 이러한 배경 정보에 접근 가능한 경로[path]를 활성화하는 것은 고객에게 새롭고 풍부한 시각적 창구를 제공한다. 창구를 통해 고객은 더 선명한 시각을 가지고 여행을 더 열정적으로 기대하게 된다.

④ 경험적 점화[experiential priming]

준비 과정에서 기대의 즐거움을 높일 수 있는 세 번째 방식은 감각적인 학습 경험을 활용하는 것이다. 이는 본질적으로 덜 인지적[less cognitive]이고 더 경험적[more experiential]인 것이 특징이다. 감각적인 학습을 특히 선호하는 사람들은 준비 단계에서 여행과 관련된 직접적인 체험을 하려고 한다(Cassidy 2004).

만약 이러한 유형의 사람들이 뉴올리언스로 여행을 준비한다면, 현지 음식의 실제 맛과 풍미를 사전에 체험할 기회를 무척 원할 것이다. 숙박 예정인 호텔에서 뉴올리언스 고장의 유명 조리법을 미리 알려 준다면, 이들은 여행 전 집에서 직접 그 요리를 해볼 수 있기에 매우 좋아할 것이다. 이러한 기회가 그들에게는 마치 맛있는 음식이 가득한 연회에 가기 전 입맛을 돋우기 위해 조금씩 시식해보는 것과 비슷할 것이다. 맛보기는 앞으로 경험할 맛의 향연을 은밀하지만 충분하게 알려주기 때문에 미감을 돋운다.

경험에 기초한 연습으로 감각적[sensual]이며 직접적[direct]인 방식으로 여행을 준비할 수 있다. 이러한 맛보기 연습은 재미있고 흥미로울 뿐만 아니라, 특정 방식으로 세상을 인식하도록 만드는 일종의 점화[priming] 요인으로 작용할 수 있다(Henik, Friedrich and Kellog 1983).

점화는 어떤 자극에 노출되었을 때 해당 자극이 무의식적으로 다음 자극에 대한 반응에 영향을 미치는 현상을 의미한다. 만약 노랑이나 빨강처럼 특정 색을 가리키는 단어에 지속적으로 반복 노출된 사람이 있다면, 그 사람은 이후 주어진 색상 탐색 작업에서 다른 색보다 노랑이나 빨강을 더 빨리 알아챌 것이다. 점화된 단어들은 우리의 의식에서 일정 수준 더 두드러지기 때문이다(Burt 1994). 점화는 특정 방향으로 주의[attention]와 인식[awareness]을 유도하고, 이후 특정 경험에 대한 개방성을 높인다. 이러한 방식으로 우리의 반응성[responsiveness]은 향상된다.

여행 준비 속 재미 찾기
: 여행에 대한 기대 덕분에 우리는 더욱 신난다

상상은 다가올 삶의 매력들에 대한 미리보기이다.

— Albert Einstein

1 미리보기

이번 장에서는 여행에 대한 흥미를 북돋기 위해 사전 여행 기대를 어떻게 이용할 수 있는지에 대해 이야기한다. 여행을 향한 의욕을 만드는 기대의 주요 원리들에 대하여 설명할 것이다. 그리고 여행을 기다리는 동안 이 원리들을 실제 적용하는 데 도움을 줄 수 있는 실용적인 전략들을 소개한다. 또한, 여행 기대가 재미있고 가치 있는 경험이 될 수 있도록 여행 서비스 제공자와 여행자가 함께 협력할 수 있는 창의적인 방안들이 논의되었다.

2 여행의 흥미 창조하기[creating excitement]

지금까지 살펴보았듯이, 기대 과정을 활용하여 여행에서 발생할 일들에 대한 여행자의 수용성[receptivity]을 높일 수 있다. 그러나 기대 과정은 그 자체로도 재미있는 시간이 될 수 있으며, 앞으로 다가올 것들에 대한 흥미를 높이는 데 활용될 수 있다. 개인에게 내재된 욕구를 억제하거나, 끌어내거나, 강화하는 활동의 균형을 통해 흥미는 높아질 수 있다(Patel 2015). 이를 위해 적절히 페이스를 조절하면서 앞으로 할 것들에 대한 섬세한 밑그림을 그리면서 여행의 기쁨을 예측하는 것이 필요하다(Roberts 2014). 이렇게 잘 짜여진 과정을 거치면서 기대감은 그 자체로 즐거움이 되며, 이를 통해 열의가 창조된다(DiPirro 2013).

기다림의 역할에 대한 이해를 돕기 위해 당신은 지금 이른 봄에 뉴멕시코로 가는 여행을 계획 중이라고 상상해 보자. 좀 더 구체적으로, 날이 흐리고, 춥고, 우울한 뉴욕에서 여행 계획을 세우고 있다고 하자. 어떻게 하면 기대 단계[anticipation phase]를 여행을 떠나기 전에 단순히 견뎌야 하는 시간이 아닌 여행에 대한 열정을 낳고 그 자체가 즐거운 순간으로 만들 수 있을까? 이를 위한 몇 가지 방법이 있다.

첫째, 여행 전까지 아무것도 하지 않기보다는 출발일이 가까워짐에 따라 순차적으로 여행을 위한 준비를 하는 것이다. 예를 들어, 새로운 옷, 하이킹 신발 등을 구매해 옷장 한편에 놓고 바라보며 여행에서 입고 신는 것을 기대한다. 또는 뉴멕시코에서 유명한 터키석 핀을 미리 사고, 그것을 액세서리 보관함에 잘 보이도록 놓아두고, 이를 바라보면서 여행 전 기분을 만끽할 수 있다. 여행 일주일 전부터 매일 밤 뉴멕시코 특유의 분위기를 내는 향나무 향을 피울 수 있다. 곧 현지에서 감상할 조지아 오키프(Georgia O'Keefe)의 작품처럼 뉴멕시코의 아름다운 풍경과 색채를 그린 작가의 작품들의 이미지를 매일 인터넷에서 찾아볼 수 있다. 출발일까지 남은 날을 계산하여 달력에 기록할 수 있다. 이러한 사소한 행동들이 무언가를 기대하는 즐거움을 낳을 수 있다.

즐거움을 선사하는 기대의 잠재력에 대해 좀 더 알아보기 위해 기대 과정이 인생에서 기억에 남는 개인의 체험을 생각해볼 수 있다. 나의 경우 두 가지 사례가 떠오른다.

첫 번째 사례는 어린 날 크리스마스에 대한 추억이다. 어머니께서는 언니와 내가 크리스마스에서 얻는 즐거움을 높이고자 기대감을 전략적으로 사용하셨다. 크리스마스 준비는 한순간에 이루어지지 않았다. 우리는 며칠 전부터 아름다운 장식물을 전시하고 크리스마스트리를 꾸몄다. 촛불이 밝혀지고, 음악이 흘러나오고, 크리스마스트리의 향기가 공간을 채웠다. 에그녹과 같은 음료수나 크리스마스 쿠키처럼 평소에 보기 힘들었던 것들이 준비되었다. 크리스마스 전날 밤 매우 특별한 선물들이 나무 아래 놓여 있었다. 크리스마스 당일 아침에, 나와 언니는 각자의 침대 아래에 놓인 작은 선물을 찾으면서 일어났다. 이것이 첫 번째 선물이었다. 아버지께서 호른을 불면, 이는 공식적으로 크리스마스의 시작을 알리는 것이었다. 호른 소리를 듣자마자 나와 언니는 계단으로 향했다. 우리 앞에 펼쳐진 경이로움과 놀라움을 만끽하기 위해 계단을 내려갔다.

우리가 했던 이와 같은 행동들은 그 자체로도 즐거운 것이지만, 다가올 크리스마스에 대한 기다림을 형성하는 데에도 효과적이었다. 이 때문에 언니와 나는 종종 크리스마스 당일만큼이나 준비 기간을 음미하였다. 만약 준비 기간이 없었더라도 크리스마스 당일에 하는 행동은 비슷할지도 모른다. 그러나 우리의 경험은 전혀 달랐을 것이다.

기대의 중요성을 보여주는 두 번째 사례는 몇 년 전 남편과 함께 프랑스 바이외[Bayeux] 지역에 있는 한 미술관을 방문한 것이다. 그곳은 방문객이 바이외의 유명한 태피스트리[tapestry] 작품을 볼 수 있다는 점에서 특별했다. 해당 작품은 11세기에 완성되었으며 길이가 약 68.28미터에 달했다. 사실 그 당시 우리는 태피스트리에 그렇게 관심이 있지는 않았고, 그곳에 들른 이유도 그날 특별히 할 일이 없어서였다.

거기서 가장 기억에 남는 것은 해당 태피스트리의 전시 방식이었다. 전시는 작품이 지닌 경이로움이 한 번에 나타나는 것이 아니라 여러 과정을 통하여 점진적으로 드러나도록 배치되어 있다. 우리는 먼저 어두운 통로를 통과해야 했다는데, 통로 곳곳에 밝게 비추어진 전시물들이 놓여 있었다. 그중 일부는 그 태피스트리의 아름다운 색상을 보여주었는데 몇몇은 아름다운 장면들을 묘사하고 있었다. 그리고 몇몇은 하나의 태피스트리를 짜내기 위해 얼마나 엄청난 노력과 기술이 투입되는지에 대한 과정을 보여주었다. 이후 우리가 실제 태피스트리가 있는 방으로 들어가게 되었을 즈음에는 이미 해당 작품을 보기 위해 매우 들뜬 상태가 되었다. 마침내 모퉁이를 돌아 작품 전체를 보게 되었을 때, 작품은 정말로 아름다웠고 위대했다. 이렇게 미적으로 감흥을 주는 감상이 가능했던 이유는 우리가 최종 작품이 어떨지 기대하는 데 상당한 시간을 보냈기 때문이다.

위의 방식은 일반적으로 태피스트리를 전시하는 방식과 대조된다. 만약 미술관 큐레이터가 커다란 방 하나에 작품을 전시하고, 미술관 입구에 바로 이 방을 가리키는 화살표를 표시해 두었다고 상상해 보자. 그러면 사람들은 이 화살표를 따라올 것이고 곧바로 해당 작품을 보게 된다. 아마도 몇 개의 씨실과 날실이 사용되었는지, 그것을 만드는 데 몇 시간이 걸렸는지, 그리고 묘사된 장면이 무엇인지 알려주는 안내문이 아래에 붙어있을 것이다. 이러한 상황에서 작품을 보는 것도 방문객에게는 재미있을지 모르지만, 대다수의 사람들은 작품에 도달하는 과정이 섬세하게 짜여 있을 때만큼의 즐거움은 느끼지 못할 것이다. 나는 프랑스의 그 작은 미술관에서 태피스트리를 본 이후로 다른 많은 작품들을 감상해 왔다. 그럼에도 불구하고 그것은 여전히 특별한 존재로 내 마음 속에 남아있다. 이것이 바로 기대감의 힘이다.

3 여행 서비스 공급자와 함께 설렘 촉진하기[working with travel providers to fuel enthusiasm]

그렇다면 위의 사례에서 배울 점은 무엇일까? 기대 단계에서 흥미 촉진하기는 계획성[discipline]과 즉흥성[spontaneity], 지연됨[delaying]과 재촉함[prompting], 그리고 앞으로 펼쳐질 일에 대한 기대가 즐거움이 되는 일종의 놀이성[playfulness] 간의 조화를 통해 창조된다(Kumar, Killingsworth and Gilovich 2014). 여행사는 여행의 시작되기를 기다리는 고객들이 여행에 대한 기대감 높이기에 도움을 줄 수 있다. 예를 들어, 여행사는 고객들에게 일정한 주기로 여행 출발일까지 얼마나 남았는지에 대해 알림 메시지를 보낼 수 있다. 또한 "당신은 뉴멕시코에 위치한 산타페가 미국 청교도인들이 최초로

도착하기 십년 전에도 이미 세워져 있던 도시라는 사실을 아시나요?", "뉴멕시코에서는 세계에서 가장 큰 열기구 축제가 열립니다"와 같이 목적지에 대한 즐겁고 놀라운 사실을 고객들에게 수시로 알려줄 수 있다(O'Donnell 2015). 다른 여행자들이 뉴멕시코에서 겪었던 재미있거나 멋진 경험에 대해 듣는 것으로도 사람들의 흥미는 높아질 수 있다.

이런 것들은 다가오는 모험에 대해 여행자가 설레고 즐겁게 만들 수 있다. 기대는 마치 공짜로 행복을 얻는 것과 같다(Dunn and Norton 2014). 즐거움을 얻는 범주를 제한할 수 있는 것은 오직 상상력뿐이다. 때때로 여행 전 단계가 여행 경험을 통틀어 최고의 장면이 되기도 한다. 이러한 점에서 기대가 우리에게 선사하는 것들을 놓쳐서는 안 된다.

6장

환경 적합도(environment-fit) 높이기 1
: 언니에게 좋은 여행이 나한테도 좋은 건 아니다

다른 사람처럼 나도 완벽한 행복을 바란다. 그러나 누구나 그렇듯이 나만의 방식으로.
- Jane Austen

1 미리보기

이번 장은 여행 환경, 개인의 성격 유형, 선호, 가치 지향성에 대하여 각 개인이 어떠한 수준에 놓여있는지를 찾는 것이 효율적인 여행 계획 수립을 위해 얼마나 중요한지에 대해 논의한다. 성격 유형[personality styles]과 선호[preference]는 Costa와 McCrae의 성격 5요인 모형과 Plog의 관광자 심리적 유형 분류에 기초하여 살펴보기로 한다. 가치 지향성[value orientation]은 Petersen과 Seligman의 행동적 가치 접근(Values in Action, VIA)으로 정의된다.

2 어울리는 여행 궁합 찾기[finding a match]

지금껏 살펴보았듯이, 우리는 특정 환경에서 보다 행복함과 편안함을 느끼는 경향을 보인다. 실제로 행복에서 개인-환경 적합도[person-environment fit]의 중요성은 심리학의 주요 연구 주제이다 (Schueller 2014). 지금까지의 연구 결과들은 자신에게 잘 맞는 환경에서 개인은 더 좋은 성과를 내며, 기분이 좋아지고, 단점보다는 강점이 강화된다는 입장을 지지한다. 이러한 관점은 직장, 교육, 여행의 맥락에 모두 적용 가능하나, 여행 맥락은 크게 주목을 받지 못했다.

여행에서 환경 적합도가 의미하는 바는 다음과 같다. 모든 사람에게 환상적인 휴가 기회를 동일하게 준다는 것이 모두가 같은 방식으로 휴가를 즐기고 똑같이 반응하는 결과를 보장하지는 않는다는 것이다. 우리가 비참하거나, 불안하거나, 지루하거나, 또는 어떤 방향으로든 환경이 우리와 조화를 이루지 못한다고 느끼고 있다면, 실제 체험하는 어떠한 긍정적인 요소도 받아들이기 어려울 것이다. 그러나 운 좋게도 한층 더 조화롭고 편안한 환경에 놓인다면, 우리의 주어진 상황을 만끽하고 감상하는 능력은 향상될 것이다. 멋진 여행지를 찾는 것은 개인의 성향과 장점에 잘 맞는 여행 환경을 찾는 것을 의미하기도 한다(Pressman, Matthews, Cohen, Martire, Scheier and Baum 2009; Rashid 2015; Diener, Larsen and Emmons 1984; Schueller 2014; Sheldon and Elliot 1999).

이런 환경에서 우리는 소위 말하는 실존적 진정성[existential authenticity], 즉 행동과 행위를 하면서 자기 스스로에게 진실됨을 느끼는 경험을 한다(Pearce, Filep and Ross 2011; Wang 1999). 실존적 진정성은 무언가를 강요하거나 가짜 역할을 하지 않고, 자신을 있는 그대로 정직하게 대변한다고 느낄 때 나타난다. 따라서 여행에서의 즐거움은 우리 자신의 내적 특질과 우리에게 자아 발견을 촉진하는 여행 환경 양쪽 모두에 기초하여 생성된다. 그 어떤 쪽도 홀로 즐거움을 결정하지 못한다.

다음으로, 환경이 적합 또는 부적합하다고 지각하는 것에 영향을 미치는 성격의 주요 차원이 무엇인지에 대해 살펴보기로 하자. 빅 파이브 성격 이론에 대한 탐구부터 시작할 것이다.

③ 빅 파이브[Big Five]

빅 파이브 성격 이론으로 알려진 5요인 성격 모형은 일종의 행동 특성 이론으로 간주된다. 특성은 비교적 안정적인 개인 성향으로, 다양한 상황에서 사람들이 특정 방식으로 행동하고 반응하도록 한다(Pervin 1989). 이 이론은 심리학의 응용 및 이론 연구자 모두에게 주목받고 있다(Costa and McCrae 1988; John, Naumann and Soto 2008; Soni 2019). 이것은 내향/외향성, 개방성, 성실성, 유쾌함, 신경증 등 개인에게 안정적으로 나타나는 성격의 다섯 가지 기본 차원이 있다고 제안한다. 이 중에서 처음 세 개가 여행과 가장 관련성이 있기에 이들에 대해 논의하고자 한다.

내향/외향성[introversion/extroversion]은 다양한 사회적 상황에서 개인이 얼마나 편안함을 느끼는지, 그리고 자신이 처한 환경에서 얼마나 자극을 추구하는지와 관련된다. 외향성이 높은 사람의 경우, 타인과의 상호작용은 심리적 에너지를 고갈시키거나 지치게 만들기보다는 활력을 높일 수 있다. 사실 외향적인 사람들은 종종 혼자일 때 가장 초조하고 지루해하며, 외부 세계, 특히 다른 사람들을 통해 얻게 되는 흥분과 자극을 갈망하게 된다.

반대로 내향적인 사람들은 많은 사회적 교류로 인해 피곤해하고 지쳐버리는 경향이 있다. 종종 그러한 접촉 후에 기분이 좋아지기보다 더 나빠지며, 에너지 회복을 위해 혼자만의 시간을 갈망한다. 또한, 내향적인 사람들은 외향적인 사람들과 비교해 보았을 때, 공공장소에서 더 조심스러워지고 자신이 다른 사람에게 어떻게 보이는지를 매우 의식하는 경향을 보인다.

빅 파이브의 두 번째는 개방성[openness]으로, 개인이 낯선 환경을 탐험하고 비일상적인 환경 찾기를 즐기는 정도와 관련된다. 개방성이 높은 사람들은 상상력과 호기심이 풍부하며, 새로운 아이디어와 관점에 대해 배우는 것을 좋아한다. 반면, 개방성이 낮은 사람들은 새롭고 이질적인 것에는 덜 끌리는 경향이 있으며, 익숙하거나 친숙한 환경에 머무는 것을 더욱 편안하게 느낀다.

성실성[consciousness]은 개인이 자신의 행동에 대해 얼마나 책임감을 느끼는지, 또는 우발적인 상황에 철저하게 대비하는 것을 얼마나 중요하게 생각하는지와 관련된다. 이 특성이 높은 사람들은 신중한 경향이 있으며, 그들의 행동은 신뢰할 수 있다. 반면, 이 특성이 낮은 사람들은 상대적으로 덜 조심스럽고, 더 자유분방하며, 즉흥적인 상호작용을 보여준다.

빅 파이브는 성격의 기본 구조를 평가한다고 일컬어진다. 많은 연구에서 빅 파이브 활용을 통해 여행 환경에서 즐거움 얻기 등 다양한 상황에서의 여행자 경험을 예측할 수 있음을 보여주었다 (Jani 2014). 하지만, 빅 파이브는 일반적인 행동의 범주를 설명하고 있을 뿐이다. 대다수의 사람들은 성격 특성의 양쪽 극단보다는 중간에 위치하고 있음에 주의해야 한다. 사실, 우리들 누구나 직관적으로는 자신이 빅파이브의 차원 속 다양한 스펙트럼 지점 중 어디에 속하는지, 다양한 상황에서 이런 성향이 어떻게 나타나는지에 대해서 알 수 있다.

내향성/외향성과 관련된 예로, 우리는 실제보다 더 외향적이거나 내향적인 것처럼 꾸밀 수 있다. 하지만 이렇게 하기 위해서는 많은 노력이 필요하며, 자기 자신에게 잘 맞지 않는다고 느끼게 된다. 또한, 특정한 방식으로 세상을 바라보도록 하는 성실성과 개방성 요인들도 마찬가지이다. 빅 파이브의 차원들은 우리 자신이 어떠한 사람인가에 대해 이해할 수 있는 지름길이며, 환경 적합성 개념의 분석에 활용되는 매우 강력하고 유용한 지표이다.

4 Plog의 심리적 관광자 유형[Plog's psychographic typology of tourists]

Plog(1974)의 관광자 유형 모형은 여행에서 환경 적합도에 대한 흥미로운 모형 중 하나이다. 이 모형은 성격 유형을 활용하여 여행지에 대해 각기 다른 선호 경향을 보이는 여행자들을 분류하고 있다. 이 모형은 관광자의 선택과 결정에 영향을 주는 요인에 대한 이해를 넓히기 위해 지속적으로 활용되면서 관광학 연구에 큰 영향을 끼쳤다. 하지만 모형에 대한 한계 및 비판도 두드러지고 있다(Dann 1981; Cruz-Milan 2018 참조).

Plog(1974; 2001; 2002)는 기본적으로 우리의 여행 선호도를 모험지향(혹은 모험가)과 안전지향(혹은 의존가)의 두 가지 차원으로 나눌 수 있다고 제안한다. 어떤 면에서는 빅 파이브의 개방성과 유사한 모험지향가[allocentrics]는 도전적이고 호기심이 높은 성향을 보이며, 여행 상황에서 새롭고 참신한 것을 선호한다. 반면 안정지향가들 [psychocentrics]은 덜 모험적이며 예측 가능하고 익숙한 환경에서 편안함을 추구한다. 이후 Plog(1991)는 그의 모형에 활력[energy] 차원을 추가하고 여행자의 행동 스타일에서 활기차고 활발한 경향과 무기력하고 덜 활발한 경향이 나타나는 정도를 평가하였다. 물론 이 모든 범주는 빅 파이브의 하위 구성요인처럼 연속적 스펙트럼의 양 극단점을 의미한다. 하지만 대부분의 사람들은 극단점 사이 어딘가에 위치할 것이다.

예측이 매번 정확하지는 않지만(Litvin 2006; Smith 1990), Plog의 개념은 다양한 종류의 여행 욕구와 동기를 지닌 사람들과 다른 종류의 여행 환경을 선호하는 사람들을 구분해내는 핵심 차원에 가깝게 접근한 것처럼 보인다(Griffin and Albanese 1996). 따라서 이는 우리의 여행 행동을 설명하는 데 상당히 설득력 있는 모형으로 간주되어 왔다. 빅 파이브와 유사하게, Plog의 모형으로 안전지향/모험지향 혹은 고활력/저활력의 연속선상에서 우리가 어디에 속하는지 말할 수 있을 것이다. 이 모형은 다양한 유형의 여행 장소가 특정 관광자에게 적합한 정도를 예측할 때에도 활용되기 좋은 템플릿을 제공하고 있다.

성격의 덕목과 강점[character virtues and strengths]

성격 특성 고찰과 더불어 가치의 틀[a values framework]을 통해 다양한 여행 환경에서 개인의 만족 수준을 예측해볼 수 있다. 가치는 세상을 바라보는 방식 및 우리 자신과 타인의 행동에 대한 평가를 안내하는 일종의 사회적 인지[social cognitions]이다(Cantril and Allport 1933). 가치[value]와 특질[traits]의 본질적 측면을 비교했을 때, 가치는 보다 더 규범적이다. 가치는 우리가 상투적인 반응이 아닌 바람직하거나 이상적인 방식으로 행동하도록 도와주기 때문이다.

가치의 유형은 다양하다. 따라서 가치를 정의하기 위한 개념화 및 평가 측정에 관련된 연구는 많다(Rokeach 1979 및 Kahle 1983 참조). 그중에서도 가치를 추상적인 이상향으로 여기기보다는 우리가 평소 지니고 있는 덕목으로 간주하는 긍정심리학의 접근 방식은 매우 흥미롭다. 예를 들어 Peterson과 Seligman(2004)은 지혜와 용기 등과 같은 6가지 핵심 덕목을 제시하였는데, 이들의 모형은 아름다움에 대한 사랑, 호기심, 창의력과 같은 24가지 상이한 성격의 강점을 포함한다. 이 강점들은 개인이 심리적으로 최적화한 상태를 구체적으로 그려내고자 할 때 바탕이 된다. 최적화된다는 것은 우리가 최상의 상태에 있다고 느끼며, 활력이 넘치고, 완전히 살아 있음을 느끼는 것을 의미한다. 한 마디로, 플러리시(Flourish)의 상태로, 행복의 만개 또는 인간이 누릴 수 있는 최고의 삶으로 이야기한다(Govindji and Linley 2007; Sheldon and Elliot 1999; Seligman 2012).

강점 기반 접근 방식에서는 연구의 초점이 바뀐 것을 볼 수 있다. 즉 일반적인 특성을 평가하기보다는 효과적이고 활력이 있다고 느끼는 상황에 대한 경험적인 묘사가 우선시된다. 묘사된 것을 통해 인격의 강점과 덕의 유형을 찾아나간다. 예를 들어 창의력을 발휘하거나, 학습에 대한 애정을 느낄 때, 타고난 사회적 지능을 뽐낼 때 우리는 최상의 기분을 느낄 것이다. 우리에게 특별한 강점이 무엇이든지 간에, 그것을 표출할 때 우리는 긴장을 덜 느끼고 올바름에 대해 통감한다. 이 모든 것들은 우리에게 활력을 불어넣고 다시 일어설 힘을 준다.

⑥ 세 가지 모형들[the three models]

위의 세 모형은 각각 다른 관점에서 개인을 하나의 인간 유형으로 서술한다. 따라서 여행 서비스 제공자는 소비자의 어떠한 특정 요구를 최고로 반영하는 방식으로 모델을 선택하여 활용한다. 이에 대해 다음 장에서 자세히 살펴볼 것이다.

환경 적합도(environment-fit) 높이기 2
: 심리 검사가 모든 것을 다 말해주지는 않는다

나는 내 인격의 완전한 표현을 위해 자유를 원한다.　　– Mahatma Gandhi

1 미리보기

6장에서는 다양한 상황에서 여행 만족 혹은 불만족을 예측할 수 있는 성격 모형과 가치 선호 모형에 대하여 논의하였다. 이번 장은 앞서 소개된 모형에 기초하여 어떻게 여행 서비스 제공자가 자료를 수집하고, 여행 서비스 제공자의 자료 수집과 여행자의 여행 웰빙을 높이는 데 도움을 줄 수 있는 방안에 대해 다룬다.

2 성격 정보 수집[direct collection of personality information]

성격 유형 모형을 이론적으로 적용하는 것은 개념적 수준에서 흥미로운 일이지만, 서비스 제공자들이 이를 실용적으로 사용하기 위해서는 실제 데이터를 얻는 방법이 필요하다. 고객의 성격과 유형에 관련된 정보를 수집하는 한 가지 방법은 고객으로부터 관련 자료를 직접 얻는 것이다. 이전 장에서 논의한 접근법은 다양한 척도에 응용되어 고객의 성격과 유형 파악에 도움을 주고 있다.

예를 들어 Costa 및 McCrae의 빅 파이브 차원들은 50에서 60개의 평가 항목(Srivastava 2021)이나 약식으로 10개의 평가 항목(Rammstedt and John 2007)을 사용하여 측정 가능하다. Plog의 모험지향/안전지향 범주는 5개의 평가 항목으로 축약된 척도(Plog 1974), 혹은 활력 차원을 포함하는 10개의 평가 항목 척도(Plog 1991)로 측정할 수 있다. 모험지향성 및 안정지향성을 고려하여 Plog가 규정한 28개의 성격 요인을 평가하는 측정 도구들이 있다(Griffith and Albanese 1996). 또한 성격 요인들은 시나리오 기법을 통해 주어진 상황에 비추어 여행자 스스로가 자신이 안정지향적인지 모험지향적인지 평가하는 방식으로 측정 가능하다(Griffith and Albanese 1996). 마지막으로 Peterson과 Seligman(2004)이 설명하는 VIA(Values in Action)에 제시된 성격은 240개의 평가 항목으로 구성된 원본 척도 또는 24개의 평가 항목으로 구성된 약식 척도를 사용하여 측정할 수 있다(McGrath and Wallace 2021).

성격 유형이나 여행 목적지 선호도 및 가치 지향성에 대한 기본적 측정을 돕는 다양한 평가 방식이 있다. 여행 플래너는 소비자들이 그들에게 가장 잘 맞는 여행을 선택할 수 있도록 여행 출발 전에 하나 또는 여러 개의 척도를 제공하고 응답하도록 요청할 수 있다. 그리고 결과 분석을 통해 고객이 선택할 수 있는 다양한 여행 장소 및 목적지 중에서 어느 곳이 그들의 강점 및 특성과 잘 맞는지 혹은 맞지 않는지에 대하여 검토 가능하다.

③ 빅데이터 접근[the Big Data approach]

성격에 대한 정보 수집을 위해 빅데이터를 활용할 수 있는데, 이는 비교적 간접적인 접근법이다. 빅데이터는 구글 검색, 페이스

북 게시물, 스마트폰 위치 확인 등 디지털 발자국 분석을 통해서 수집 가능한 엄청난 양의 정보를 일컫는다. 빅데이터는 소비자의 선호도 및 향후 구매에 대한 호불호 수준을 평가하기 위하여 일찍이 활용되어 왔다(Wedel and Kannan 2016).

최근 이러한 빅데이터 자료 분석이 지닌 잠재력이 새롭게 떠오르고 있다. 빅데이터를 통해 개인이 좋아하거나 싫어하는 제품에 대한 정보를 확인하는 것을 넘어 소비자가 어떠한 유형의 사람인지에 대한 청사진을 그릴 수 있기 때문이다. 이 분야의 많은 분석가들은 이제는 빅데이터가 우리의 기본 태도, 강점, 성격 유형 및 정서적 경향에 대하여 보다 더 많은 것들을 알려줄 것이라고 말한다(Matz and Netzer 2017).

디지털 데이터를 통해 정보를 추론할 수 있는 능력은 여행산업에도 큰 시사점을 제공한다. 지금까지 살펴보았듯이 우리 개인에게 내재한 심리적 성향과 특성이 다양한 여행 환경에 대한 만족 또는 불만족 평가에 상당한 영향을 미치기 때문이다(Kosinski, Stillwell and Graepel 2013).

2016년 유럽 연합에서 GDPR(General Data Protection Regulation)과 같은 정책 지침이 통과됨에 따라 조직기구들은 이러한 데이터를 처리하는 방법에 대해 더욱 주의를 기울이고 있다. GDPR은 다양한 분석 과정을 통하여 수집된 자료의 활용을 소비자의 개인 정보를 보호하는 방향으로 규제한다(Terra 2020). 이는 빅데이터에서 수집된 자료 활용은 개인의 권리를 섬세하게 보호하는 방향으로 이루어져야 함을 말한다. 소비자는 이러한 종류의 자료가 수집되고 있다는 것에 대한 알림을 받아야 하며, 자료의 활용은 그들의 동의하에 진행되어야 할 것이다. 이는 고객의 행동을 통하여 수집된 모든 빅데이터는 고객의 이익을 최대한으로 보장하는 방식으로만 사용될 수 있으며, 그러기 위해서는 여행 서비스 제공자와 고객 간 협력이 필수적임을 의미한다.

아래의 두 여행자들에 대한 이야기는 다양한 호스피탈리티 산업의 의사결정 현장에서 여행자의 성격과 가치를 담은 정보가 실용적으로 활용 가능함을 보여준다. 비록 가상의 사례일지라도, 이들의 이야기는 호스피탈리티 산업 종사자가 고객의 여행 가치 향상을 위해 다양한 데이터를 창의적으로 활용할 필요성을 보여준다.

④ 두 여행자의 이야기[a tale of two travelers]

숀과 마리안느가 미국의 어느 도시에서 같은 호텔에 머물고 있다고 가정하자. 호텔 경영진은 빅데이터 기록과 이 두 사람이 직접 작성한 성격 및 가치 평가 자료를 가지고 있으며, 이를 직원들에게 살펴보도록 허락했다. 초기 자료 검토 후 경영진은 두 명 모두 모험지향적 여행 성향(새롭고 참신한 것을 좋아함)이 높을 것이라고 결론을 내렸지만, 그들이 특정 목표를 추구하는 방식은 다를 것이라는 중요한 정보를 추가하였다.

여기서 매니저들은 위의 정보와 관련된 행동 경향성을 발견할 수 있는지 확인하고자 자료를 다시 검토하기로 결정을 내렸다. 분석을 통해 숀이 모험지향성뿐만 아니라 내향성과 성실성이 다소 높을 것이며, 열정적인 학습 활동 참여로 활력이 더 높아진다고 예측하였다. 따라서 그들은 숀이 여행에서 흥미진진하고 도전적인 모험을 찾는 중에는 (1) 큰 사교 모임에 참석하는 것을 원하지 않을 것이며, (2) 공공장소에서 자의식이 높으며, (3) 섬세한 사전 계획을 세우는 것을 중요하게 생각할 것이며, (4) 새로운 지식을 가르치거나 배우고 있다고 느끼는 상황을 좋아할 것이라고 예측하였다. 또한, 그들은 일반적인 주제에 대한 관심도 조사에서 숀의 답변을 분석한 결과 숀이 수영, 하이킹과 같은 스포츠 활동을 특히 좋아하고, 역사적인 관광지를 둘러보고 유적지를 탐험하기를 선호하며, 바이올린, 기타, 만돌린 같은 현악기 연주를 좋아한다는 것을 알아냈다.

이제 매니저들은 마리안느의 기록을 다시 살펴보았고, 분석 결과 그녀의 특성을 숀과 다르게 추측했다고 가정해보자. 그들은 마리안느가 새로운 여행을 떠나길 좋아하는 반면 외향적이고 즉흥적이며, 사회성이 높은 사람이라고 판단하였다. 따라서 매니저들은 숀과 달리 그녀가 (1) 여행 중 대규모의 사교 모임과 새로운 사람들을 많이 만날 수 있는 기회를 좋아할 것이며, (2) 공공장소에서 자의식이 낮고, (3) 사전 계획을 너무 많이 세우는 것을 특별히 선호하지 않을 것이며, (4) 높은 사회성과 체력이 요구되는 활동에 자연스레 참여하는 것을 매우 좋아할 것이라고 예측하였다. 관심사 관련 조사 결과를 토대로, 경영진은 마리안느가 행글라이딩, 경주용 자동차 운전, 배구와 같은 스포츠를 특히 좋아한다고 결론지었다.

이러한 데이터 활용으로 숀과 마리안느 각자에게 최적화된 맞춤 정보 패키지가 만들어진다. 예를 들어 매니저는 숀이 유적지를 둘러보는 것을 좋아하지만 큰 사교 모임을 좋아하지 않는 것을 이미 알고 있기에, 그의 도착 전 호텔 주변의 유명 관광명소를 도는 개인 가이드 동반 여행에 대한 특정 정보를 미리 알려줄 수 있다. 또한 그가 가능하다면 홀로 수영과 하이킹을 즐긴다는 것을 알기 때문에, 매니저는 호텔 수영장의 한적한 수영 시간대를 알려주거나 해당 지역에 가이드 없이 홀로 등산할 수 있는 경로에 대한 정보를 제공하면 숀이 좋아할 것이라 예측한다. 좀 더 맞춤형 서비스를 제공하기 위해 호텔 직원들은 숀의 관심 분야 학습을 도울 수 있다. 지역 사회의 구성원 소개 및 활용 가능한 여행 자원을 안내하는 것이 그 경우이다. 구체적으로, 호텔 관리자는 숀에게 현지의 현악기 음악가의 이름 및 체류 기간에 열리는 지역 콘서트와 음악 공연 날짜를 알려줄 수 있다.

마리안느에게는 다른 유형의 여정 일정을 제안할 수 있다. 호텔 매니저는 마리안느가 사람들과 교류하고 새로운 이와 만날 기회를 즐기고 배구에도 관심이 있다는 것을 알고 있기에, 그녀에게 호텔 근처 스포츠 시설에서 매일 열리는 배구 경기 일정에 대한 정보를 알려줄 수 있다. 또한, 호텔 바에서 1잔 값에 2잔의 음료를 마시고 라이브 음악을 배경으로 사람들과 어울려 대화할 수 있는 특정 시간대를 알려줄지도 모른다. 추가적으로, 자동차 경주에 관

심이 있는 지역민들이나 행글라이딩 수업 운영자의 이름을 알려
줄 수도 있다.

 ## 5 적합도 찾기로의 회귀[coming back to finding a fit]

앞선 이야기의 요점은 호스피탈리티 산업 종사자는 여행자들에
대한 매우 구체적인 정보를 활용함으로써 그들에게 적절한 경험
을 선사하며, 이후 로열티 프로그램을 활용하여 한층 더 발전한
개인 맞춤형 서비스를 제공할 수 있다는 것이다(ReviewPro 2019).

일반적으로 환경은 관광자의 다양한 요구와 스타일에 맞게 다
른 방식으로 구성될 수 있다. 내향성/외향성의 특성을 고려한 몇
가지 예를 들자면, 여행사는 고객의 선호도에 따라 단체활동 상황
이나 개인활동 상황 등 다양한 상호작용 환경을 제공할 수 있다.
크루즈 여행을 예로 들자면, 여행사 직원은 고객이 유람선 식당에
서 대형 공용 식탁과 2인용 테이블 중 선호하는 곳에서 식사할 수
있게 하거나, 항구에 잠시 머무르며 주변을 관광하는 활동에서 단
체활동형과 자기주도형 중에서 선택하는 것을 도울 수 있다. 크루
즈 안에서 제공되는 레크리에이션 서비스는 누구나 참여 가능한
게임부터 방 안에서 선상 공연을 방송으로 시청하는 것에 이르기
까지 다양할 수 있다. 그리고 고객은 특정 시간 동안 음료수를 반
값에 제공하는 해피아워에 활기가 넘치는 바를 이용하거나 룸서
비스를 이용하는 옵션을 활용할 수 있다.

호텔과 리조트의 디자인은 다양한 취향과 선호를 반영하여 설계 가능하다. 예를 들어, 리조트 호텔은 객실 내 전용 욕조와 실외 공용 온천 두 가지 시설들을 모두 갖추고 고객에게 어떤 것을 이용할지 선택권을 줄 수 있다. 여행은 성격상 강점이나 스타일, 목적지 선호도에 대한 적합도를 고려하여 선보일 수 있다. 이러한 유연한 운영을 통하여 여행 플래너 및 여타 여행 업계 종사자는 고객들에게서 최고의 여행 경험을 끌어내고, 시시하게 마무리될 수도 있었던 그들의 여행을 기억할 만하고 보람찬 경험으로 바꿀 수 있다.

지금까지 여행 기대의 본질과 이 단계를 유용하고 즐겁게 만드는 것과 관련된 요소들에 대해 다루었다. 이제 여기서는 제시된 아이디어를 가상의 여행 사례에 적용해보자. 1부에서 논의된 개념들은 실제 여행에서 겪는 딜레마를 해결하기 위해 보다 적극적으로 활용될 수 있다. 정답이나 오답이 없으므로 이른바 올바른 해결책을 찾느라 머뭇거리지 말자. 비판적으로 분석하기 위해 자신의 경험과 앞에서 논의한 모형을 활용해보자.

케이티의 이야기

방금 일주일짜리 파리 공짜 여행 상품을 탄 케이티라는 인물을 상상해 보자. 평소에 프랑스를 여행하고 싶었던 케이티는 지금 매우 흥분한 상태다. 그녀는 이제까지 보았던 파리의 사진들을 떠올리면서 파리가 세계에서 가장 아름다운 도시이고 그곳의 사람들은 대부분의 시간을 너무나 행복하게 보낼 것이라고 결론지었다. 케이티는 프랑스 음식과 와인, 프랑스 문학, 심지어 프랑스어의 발음에 이르기까지 프랑스에 대한 모든 것을 사랑한다. 그리고 그녀는 자신을 사교활동을 즐거워하고 친절한 사람으로 생각하고 있다. 그렇지만 지금 케이티는 최고의 여행을 준비하는 방법에 대해 걱정하고 있다. 현실적인 여행 계획들이 다 세워졌고 비용(예: 비행기 표 구매, 호텔 예약 등)도 모두 지불된 상태이다. 그러나 케이티는 또 다른 차원에서도 준비가 필요하다고 여긴다. 그녀 자신만의 용어로 말하자면, 여행을 위해 "정신적으로도 진정한 준비"가 되어 있어서, 여행을 통해 최상의 결과를 얻고 싶은 것이다.

이제 당신이 케이티에게 파리행 티켓을 선사한 콘테스트의 주최자라고 생각하자. 그녀의 곁에서 3주 동안 해당 프랑스 여행이 긍정적이고 만족스러울 수 있도록 준비를 돕는 것이 당신의 일이다.

준비 기간 동안 당신이 케이티와 함께 할 방법에 대해 브레인스토밍 하라.

- 그녀에게 어떠한 조언을 할 것인가?
- 어떤 유형의 관광 자원과 관련 정보를 알릴 것인가?
- 그녀에 대한 어떤 자료를 수집할 것인가?
- 어떤 질문을 그녀에게 할 것인가?
- 파리 여행 전 어떤 것을 반드시 하라고 혹은 하지 말라고 할 것인가?

케이티가 꿈꾸는 멋진 여행을 할 수 있도록 최대한 그녀를 도울 수 있는 모든 방안을 창의적으로 생각해보자. 그녀가 확실히 즐길 수 있도록 최대한 창의적인 협력 방안을 모두 고려하여라.

여행 중: 여행을 즐기는 방법

일은 너의 주머니를 채워주지만, 모험은 너의 영혼을 채운다.
- Jaime Lyn Beatty

1부에서는 여행 출발 전 기대를 만끽하는 것이 어떻게 여행의 즐거움을 낳을 수 있는지 살펴보았다. 기대는 이후 실제 여행을 더 잘 즐기도록 사고체계와 마음가짐을 갖추는 데 도움이 된다. 그러나 기대와 준비는 여행 과정의 일부분일 뿐이다. 2부에서 여행 업계가 여행 중 고객들이 기쁨을 얻는 데 도움을 줄 수 있는 방법과 이를 위해 제거해야 할 장애물에 대해 이야기하고자 한다.

8장

여행 피로 줄이기

: 너무 피곤하고 스트레스 받으면
아름다운 바다는 눈에 들어오지도 않는다

시차 적응은 아마추어들에게나 문제가 된다. —Dick Clark

1 미리보기

이 장에서는 피로와 스트레스가 여행 만족에 미치는 강력한 부정적 영향들에 대해 논의한다. 시차 적응이나 일시적 수면 박탈 같은 단기적인 문제와 행복의 상실감처럼 일반적이면서 오래 지속되는 문제를 해결하는 데 도움이 되는 방법을 살펴본다. 탐색의 일부 과정으로, 건강과 웰니스 여행 유행과 여행 맥락에서 깊이 향유한다는 것에 대한 전반적 의미를 간단히 설명하였다.

2 여행 피로[travel fatigue]

오늘날 여행하면서 맞닥뜨리게 되는 주요 장애물 중 하나는 여행이 무척 피곤하고 어려울 수 있다는 단순한 사실이다. 피로는 여행지로 이동 중 그리고 여행지에서도 나타난다.

이 사실은 모든 것을 환상적으로 좋게만 생각하는 여행 계획 단계에서는 간과될 수 있다. 여행을 앞두고 사람들은 여행지에서 평화, 고요, 깊은 휴식 혹은 신나는 재미를 계속해서 경험할 것이라고 상상한다(Kurtz 2017). 그러나 모두가 이미 알고 있듯이, 여행은 많은 물리적, 정신적, 그리고 정서적인 불편함을 포함한다. 이러한 성가심은 때때로 에너지를 고갈시키고, 여행에서 휴식으로 기대하던 것을 견디어야 하는 소모적인 도전으로 바꿔버릴 수 있다.

　예를 들어 당신이 멀리 카리브섬으로 가는 여행을 떠났다고 상상해보자. 매력적인 아쿠아블루 색깔의 바다를 수영하거나, 열대꽃의 향기를 맡고 파도가 들려주는 부드러운 자장가 소리를 들으면서 하얀 백사장에서 모래찜질을 하고 있는 자신을 떠올릴 것이다. 환상적이다. 그러나 현실은 아마도 상당히 다를 것이다. 꿈같은 시간을 섬에서 보내려면 우선 그곳에 도착해야만 한다. 이것은 이른 새벽부터 일어나고, 붐비는 시간에 공항까지 운전하고, 거기서 주차 공간을 찾는 데 어려움을 겪으며, 무거운 가방을 위아래로 끌며, 입국수속과 검색대 앞 긴 줄에 서며, 비행기 연착 시간을 견디고, 비행기 안에서는 조그맣고 불편한 의자에 몇 시간을 앉아 있고, 평소 식사 시간에서 벗어나 이상한 음식을 먹고, 도착하기 마지막 즈음 더 작고 불편한 비행기로 갈아타며, 낯선 지역에서 차를 빌리는 등의 활동을 한다는 것을 의미한다. 그래서 마침내 호텔에 도착했을 때 당신은 환희를 느끼기보다는 피곤하고 불편함을 느끼게 된다. 객실이 아무리 아름다울지라도 그곳의 침대는 집의 침대와 다르고, 방 안에 들어오는 아침 햇살은 평소보다 이르다. 결국 당신의 수면은 방해를 받게 된다. 평소 피했던 종류의 음식을 먹고 탈이 날 수도 있다. 정신없는 야간 비행기를 탔기에 시차적응 및 수면 부족으로 괴로워할지도 모른다. 심지어 새로운 수면 및 식사 스케줄에 적응한 후에도 당신은 완전히 익숙하지 않은 새로운 상황에 적응하면서 여전히 스트레스를 받고 있을지도 모른다. 이 모든 것들은 꽤 성가시다.

단기 여행 피로 극복 돕기[helping us deal with short-term travel fatigue]

위의 사례는 여행에서 겪는 어려움으로 인해 여행의 장점이 사라졌다는 것을 말하지 않는다. 이야기는 여행의 피곤함이 여행자의 웰빙을 감소시킬 수 있음을 나타낸다. 장애물은 간단하게 사라지지 않을지라도 그 영향력을 일부 줄이기 위해 여행 업계 사람들이 할 수 있는 것이 있다.

우선, 이전에 언급한 것처럼 여행 플래너는 고객들이 과도한 일정을 세우지 않도록 유도하여 이들이 장소 이동 중 스트레스를 받지 않도록 하는 데 도움을 줄 수 있다. 일주일 동안 유럽을 여행한다면, 매일 다른 도시를 들르는 것보다 두세 개의 주요 도시들을 방문하는 것이 좀 더 합리적인 여행이 될 것이다. 여행 플래너들은 여행자들에게 일일 여행 계획에 너무 많은 행사들을 집어넣는 대신 휴식 시간을 집어넣었는지 확인하라고 조언할 수 있다. 이러한 모든 것들은 실현 불가능한 여행 목표를 이루기 위해 발생하는 피로를 줄이는 데 효과적일 수 있다. 또한 여행 플래너들은 여행 중 다른 목적지로 이동하는 데 너무 많은 환승이 필요하지 않도록 조절하거나, 이동 자체에 긴 시간을 소비하지 않도록 고객들이 교통수단을 예약하는 단계에서 도움을 수 있다.

목적지 도착 후 만나는 여행 서비스 제공자들은 관광자가 여타 성가심으로부터 벗어나 회복하는 것을 도울 수 있다. 예를 들어

시차로 너무 지친 사람을 위하여 호텔 직원은 유연한 체크인 시간을 운영할 수 있다. 또한 도착한 고객들이 간단하고 몸에 좋은 식사를 하도록 식사 이용 시간을 연장함으로써 시차 적응을 도울 수도 있다(Fletcher 2020). 좀 더 편안함을 느끼도록 실내 마사지, 아로마 테라피 등 다양한 피로회복 서비스에 추가할인을 제공할 수도 있다.

며칠 동안의 여행 일정을 소화한 후 재충전이 필요한 사람들에게는 단기 회복에 초점을 맞춘 다양한 서비스를 제공할 수 있다. 예를 들어, 호텔은 부지 뒤편에 아름다운 정원과 산책길을 만들어 그곳을 이용하는 고객들이 꽃향기를 맡고, 식물이 주는 시각적 아름다움을 감상하고, 폭포수 소리의 평화로움 등을 느끼게끔 할 수 있다. 혹은 체험기반 서비스를 선호하는 사람들을 위하여 스트레칭, 아로마 힐링 스파 등이 포함된 회복 패키지를 제공할 수도 있다. 위 이야기의 요점은 여행의 피로에 지친 고객들에게 생기를 불어넣어주기 위한 환경을 조성할 수 있다는 것이다.

4 웰니스 휴가 활력 증진하기[wellness vacation: promoting revitalization]

어떤 사람들은 일상적 스트레스를 피하는 것이 여행의 주목적인 반면 다른 사람들은 웰빙을 만끽하는 것이 주목적이다. 웰니스 리조트와 스파는 예전부터 존재했으나, 최근 다시 그 인기가 치솟고 있다(Koncul 2012). 이러한 웰니스의 유행은 웰빙이 본질적으로 개인의 삶에 긍정적으로 작용한다는 것을 반영한다(Bickenbach 2017). 웰빙 개념은 단순히 질병의 부재로 접근하는 것과 더불어 육체, 마음, 그리고 정신에 대한 넓은 통합성 및 균형을 강조하는 넓은 정의 모두를 포함한다. 후자의 개념적 접근은 건강을 질병이 없는 상태가 아니라, 우리 삶의 다양한 측면에서 풍요로운 상태로 본다(Mueller and Kaufman 2000).

이러한 웰니스에 대한 관심 증가에 발맞춰, 이제는 삶의 단계에 따라 다양한 종류의 욕구와 선호를 지닌 사람들에게 다채로운 서비스 상품이 제공된다(Smith and Puczko 2009). 예를 들어 건강 관광 시설[health tourism facilities]은 고객의 영적(요가, 명상, 성가 부르기), 신체적(마사지, 수중치료, 신체단련 훈련, 사우나, 진흙 목욕하기), 그리고 정신적(강연, 영감을 주는 책 읽기, 집단 토론하기) 웰니스를 향상시기 위한 서비스를 갖출 수 있다. 또한 간단한 편의시설이나 안식처를 제공하는 리조트도 있다(Stephens 2020). 개인 풀장과 베란다, 개인 요리사, 객실 내 마사지 및 미용과 같은 편의시설을 포함한 호텔도 있다.

이처럼 다양한 서비스는 활력과 완전한 자신을 회복하는 데 효과적이다. 그러나 제공된 것을 최대한 활용하려면 이를 음미할 줄 알아야 한다. 다음으로 음미하기에 대해 이야기할 것이다.

⑤ 음미하기에 대한 고찰[thinking more about savoring]

음미하기[savoring]는 대상에 대한 즐거움이 증가하는 체험들을 포괄하며, 이는 우리가 인식하는 방식을 의도적으로 바꾸면서 나타나게 된다. 이러한 의미에서 음미는 일종의 마음챙김[mindfulness]이지만, 부정적이거나 중성적인 사건이 아닌 긍정적인 것에 마음을 맞추는 마음챙김에 해당된다(Dube and Le Bel 2001).

음미하기는 기쁨을 이끌어내고 지속시킨다. 이는 우리 주위의 미와 선에 대한 깊은 감상을 통한 받아들임을 포함한다(Bryant and Veroff 2007). 음미하기가 반드시 행동의 속도를 늦춰야 하는 것은 아니다. 찰나의 순간에도 음미는 가능하다. 그럼에도 불구하고 급하게 서두르는 것보다 속도를 조절하는 것이 우리 앞에 펼쳐진 것들에 대해 사려 깊게 집중할 수 있는 능력을 올려준다(Shulman 1992를 보라).

음미하기를 본격적으로 고찰하기 위해, 이러한 상태가 된다는 것이 어떤 느낌일지 상상해보자. 상상을 위해 우선 알아야 할 점은 음미하기는 다면적이라는 것이다. 이는 시각, 청각, 후각, 촉각을 포함한 다양한 감각기관을 활용한다는 것을 의미한다(Le Bel and Dube 2001; Kringelbach and Berridge 2010). 미술관 관람으로 피곤해진 다음 날 해변에서 일광욕 중인 당신을 상상해 보자. 당신은 피부에 닿는 햇볕의 따뜻함을 느끼면서, 의도적으로 다른 감각들에 동시에 집중할 수 있다. 이는 당신의 경험을 더욱 풍요롭게 만든다.

예를 들어, 새소리나 아이들이 노는 소리에 의식적으로 집중할 수 있다. 공기에서 소금기를 느낄 수도 있다. 혹은 파도가 해변에 밀려오로 물러나가는 그 사이 어떤 마법과도 같은 고요함이 내릴 때, 그 리듬의 작은 틈을 느낄 수 있을지도 모른다.

음미를 통해 긴장을 푸는 방식을 학습한다는 것은 인지적 반응 자체에 초점을 맞추면서 여러 감각을 활용하여 기쁨에 젖어드는 법을 배운다는 것을 의미한다. 이러한 방식으로 자신에게 주어진 상황을 인식하게 되면, 우리는 자신의 경험을 풍부하게 즐기는 중이라고 말한다. 이 같은 상태에서 주어진 환경을 받아들일 경우, 우리는 매우 만족스러운 방식으로 컨디션을 회복할 수 있다.

비싼 고급 호텔이 제공하는 환경이 음미하기에는 도움이 되지 않을 수 있다. 산만함, 소음 및 삐걱거리는 소리는 음미하기를 방해한다. 번잡스러운 색깔들, 붐비는 상황들 및 불편한 분위기에서 음미하기는 더욱 어려워지기 때문이다. 어떤 사람들은 공공장소보다 개인 공간에서 음미하기를 쉽게 경험할 수 있다. 반면, 다른 사람들에는 장소가 다른 것이 문제가 되지 않을 수 있다.

위의 내용은 모든 사람들에게 웰빙을 유발하는 환경 조건이 동일하지 않음을 나타낸다. 특정 상황에서 어떤 사람은 매우 기쁘고 만족스러웠으며 기분이 좋았다고 하자. 그러나 동일한 상황은 다른 이에게 같은 효과를 낳지 못할 수도 있다. 일반적으로 많은 사람들이 항상 쉽게 휴식과 음미 경험을 하진 않는다. 따라서 여행 서비스 제공자가 고객에게 적합한 상황을 찾기 위하여 더욱 주의를 기울이고 세심한 배려를 하는 것은 시도할 만한 가치가 있다.

휴식을 음미하는 것은 여행 중 마주하는 것에 대한 감상 능력을 높여준다. 이는 결과적으로 여행자가 여행에 높은 열정과 에너지를 가지고 빠져들 수 있도록 만든다.

9장

비교하려는 마음 버리기
: 다른 사람의 방을 들여다보기 전까지는 행복했었다

비교는 당신의 불안감 외에 어떠한 것도 강화하지 않는다.   - AC Dyson

⓵ 미리보기

이 장에서는 다른 사람과의 부정적인 비교가 여행 만족도에 미칠 수 있는 해로움에 대해 논한다. 부정적 비교는 우리가 처한 상황이 심각하게 불공평하다고 느끼도록 만들 수 있다. 부정적 비교의 역동성에 대해 탐색하고, 여행자가 부정적 비교의 필요성을 덜 느끼도록 여행업 종사자들이 도움을 줄 수 있는 전략들을 살펴본다.

⓶ 비교의 교활함[the insidiousness of comparisons]

여행은 신체적 번거로움과 더불어 다양한 부정적인 사회 비교를 수반한다. 예측 가능한 일상에서 벗어난 여행 맥락에서 개인은 자신의 행동에 대한 기준을 세우기 위해 타인을 보는 경향이 있기 때문이다(Nawjin, Marchand, Veenhoven and Vingerhoets 2010). 타인과의 비교는 여행 전 단계에서 때때로 발생한다. 그러나 비교는 실제 여행 중에도 발생 가능하며 치명적인 영향을 줄 수도 있다(Collins 1996).

예를 들어 당신은 지금 막 유람선에 승선했고, 같은 가격을 지불한 다른 사람들이 당신보다 더 큰 객실이나 더 좋은 어메니티 패키지를 받았음을 알게 되었다고 상상해보자. 아니면 레스토랑에서 당신은 옆 테이블에 앉은 사람들보다 느린 서비스를 받거나 더 작은 와인잔을 받았다는 것을 알아챌 수도 있다. 이러한 비교는 은밀하게 나타나고 계속해서 당신을 위축시킬 수 있다.

비교는 마땅히 받아야 할 것에 대한 개념이 불분명하고 해야 할 일이 무엇인지 확실하지 않을 때 가장 자주 나타난다. 이러한 상황은 우리가 다른 사람으로부터 나의 행동에 대한 기준점을 찾도록 한다. 그러나 사람은 타인과의 비교를 더 많이 할수록 더 불행하고 더 비참함을 느낀다. 심리학적 연구 결과(Wheeler and Miyake 1992)에 따르면 이 현상은 특히 부정적 비교에서 두드러진다. 계속해서 자신을 다른 사람과 비교할 때 우리 스스로가 행복을 결정하기보다는 비교 행위가 행복을 결정하기 때문이다.

부정적 비교와 관련된 사례로 내가 남편과 유럽의 한 작은 호텔에 머무르면서 겪었던 일을 들 수 있다. 처음에 배정된 방을 보았을 때 우리는 매우 만족했다. 객실 벽이 약간 거무스름하고 러그가 약간 낡았을지라도 방은 조용하고 편안해 보였고 휴식과 안정을 취하기에 좋은 곳이었다. 우리는 완전히 숙면을 취했고, 다음 날 아침 배가 고파 아침을 먹기 위해 일어났다. 아침 식사 장소로 걸어가는 중 옆방의 문이 열려 있길래 우연히 그 안을 살짝 들여다보게 되었다. 객실 안은 아름답게 꾸며져 있었다. 새로 칠한 벽, 새것처럼 보이는 커튼, 매우 광택이 나는 바닥을 보았다. 갑자기 편안했던 우리 방이 다소 초라하게 느껴졌다. 이내 혼란스러워진 우리는 호텔 로비로 내려가 직원에게 그 객실이 우리 방보다 훨씬 비싼 지 물었다. 그러나 그는 가격 차이는 없다고 말했다. 또한 호텔이 모든 객실을 리노베이션하는 과정에 있으며 그중 절

반 정도만 완성되었다고 덧붙여 말했다. 이에 우리가 좋은 방으로 옮겨 달라고 요청했을 때, 새 객실들은 이미 전부 예약 중이기에 객실 변경은 불가능하다는 퉁명스러운 대답만 들었다. 그의 반응을 본 우리는 당연히 매우 화가 났고, 이로 인해 처음에는 즐거웠던 호텔 숙박 경험이 오랫동안 화나는 사건으로 바꿔버렸다.

상황에 대해 설명하면서 우리가 가장 자주 사용한 단어는 불공평이었다. 불공평의 개념과 그것이 우리에게 왜 그렇게 중요한지에 대해 좀 더 생각해보자.

③ 비교와 불공평 측정[comparisons and unfairness assessments]

불공평한 결과에 대한 인식은 불만족의 강력한 시발점이 되며, 특정 상황에서 우리가 마땅히 얻어야 할 것을 얻지 못했다고 여길 때 가장 자주 발생한다(Walster, Walster and Bersheid 1978). 예를 들어, 아주 좋은 호텔 객실을 사용하고자 많은 돈을 지불하고도 뒷골목이 보이는 다소 평범한 객실을 배정받을 수 있다. 이러한 상황은 동일한 방을 사용하기 위해 보다 적은 돈을 지불한 것보다 더 화를 유발할 것이다. 전자의 경우 후자의 경우보다 더 좋은 방을 쓸 자격이 된다고 느꼈기 때문이다.

특정 상황에 맞춰 우리가 얻게 되는 결과와 관련이 없는 다른 상황에 대해 불공평하다고 인식할 수도 있다. 우리가 정당하다고 생각하는 수준에 걸맞은 대우를 받지 못했을 경우, 그 상황을 불공평하다고 정의내리는 것이 그 예이다(Mikula, Petri and Tanzer 1990). 호텔 직원에게 가고자 하는 목적지에 도착하는 방법을 물어보았을 때, 그 직원이 아주 짧게 흘리듯이 답변한 후 다른 고객을 상대하기 위해 움직인 경우를 상상해보라. 사소해 보일지라도, 이러한 상호작용은 고객의 가치를 낮추고 스스로가 중요하지 않다고 느끼게 하기에 강한 부정적 정서를 유발할 수 있다.

작은 호텔에서 일어난 사건을 좀 더 살펴보자. 앞서 언급했듯이 그곳에서 남편과 나는 다른 이들과 비교했을 때 초라한 방을 얻었다. 그 사실을 알고 난 후 호텔 직원에게 객실을 바꿔달라고 이야기했을 때 직원은 우리를 무례하게 대했다. 이 사건으로 인해 남편과 나는 매우 화가 났다.

우리는 이 일이 왜 그렇게도 신경 쓰였었는지 생각해보았다. 이후 우리는 깨달았다. 만약 처음 체크인을 할 때 일부 객실들만 리노베이션이 되어있으며 현재 리노베이션된 방은 이용이 불가하다는 이야기를 들었다면, 그렇게 화가 나지 않았을 것이라는 점을 말이다. 아마 그 이야기를 듣게 된 시점에 우리가 그 호텔에서 머무를지 아닐지를 결정할 수 있었을 것이다. 또는 리노베이션된 객실 배정은 어떻게 결정되는지 우선적으로 설명해주었더라면 도움이 되었을 것이다. 예를 들어, 리노베이션이 완료된 좋은 객실을 이용하기 위해 굉장히 이른 시점에 예약을 해야 했을 수도 있다. 혹은 다양한 종류의 로열티 프로그램에 등록한 충성도 높은 장기고객을 위해 객실을 아껴 놓았을 수도 있다.

규칙이 무엇인지는 그다지 큰 문제가 되지 않는다. 문제는 우리에게 규칙들이 명확하게 설명하였는지와 그러한 규칙을 바탕으로 우리가 어떠한 결정을 내리는 것이 가능한지 여부에 있다.

앞선 예시에서 개방적이고 직접적인 의사소통은 전혀 이루어지지 않았고, 이에 남편과 나는 매우 불쾌해졌다. 의사소통의 개방성과 직접성이 보장될 때 적개심은 줄어든다. 자극을 불러일으키는 모호한 오해가 제거되기 때문이다. 이것이 핵심이다. 불확실성과 명확성의 결여는 정보가 없는 비교 상황을 만들어 분노를 촉발할 수 있다(Collins 1996). 개방적이고 직접적인 의사소통은 접근가능[accessible]하고, 반응적[responsive]이며, 투명한[transparent] 것이 특징이다(CSPonline 2016). 필요시 여행사에 쉽게 연락할 수 있을 때, 서비스 제공자가 우리의 요청과 질문에 신속하게 응답할 수 있을 때, 그리고 결정에 대해 명확한 이유가 드러날 때 더 나은 의사소통이 가능하다. 다음으로 여행 업계 사람들이 이러한 의사소통을 잘할 수 있는 방법에 대해 좀 더 이야기해보자.

4 좋은 의사소통 양식 강화[enhancing good communication patterns]

오늘날 여행 분야에서 명백히 나타나는 한 가지 변화는 타인과 의사소통을 하기 위하여 기술의 사용이 증가한다는 것이다. 기술의 혁신적 발전과 함께 여행 서비스 제공 업체들은 다양한 방식으로 고객과 편리하고 개방적 의사소통을 하는 것이 가능해졌다 (Shashou 2017).

가령 당신이 어느 호텔에 머무르면서 이곳의 정책이나 편의시설 사용에 대해 의문이 생겼고, 이에 대해 호텔 직원에게 이야기하려는 상황을 떠올려보자. 다른 투숙객이 자전거를 타거나 호텔 뒤 호수에서 카약을 타는 것을 본다면, 당신은 왜 그러한 정보가 당신에게는 전달되지 않았는지 궁금해할 수 있다. 아니면 오후 5시에 호텔 레스토랑에 전화를 걸어 그날 저녁 식사를 예약하려 했으나, 예약은 오후 4시까지 완료해야 한다는 말을 들은 상황일 수도 있다. 당신의 구체적인 관심사가 무엇이든지 간에, 당신이 혼란스럽고 짜증나기 전에 이에 대한 설명을 신속하게 들었다면 좋았을 것이다.

바로 이 순간이 첨단 과학기술이 유용하게 쓰이는 지점이다. 요즘 많은 호텔에서는 고객이 의문사항이 있을 때 호텔 직원과 직접 대화를 하는 것뿐만 아니라 스마트폰, 태블릿, 또는 기타 유사한 장치를 사용하여 호텔 직원과 원격으로 상담하는 것이 가능하다(Shashou 2017). 이는 고객이 답변을 받는 과정을 보다 효율적으로 만든다. 일부 호텔은 자주 묻는 질문에 응답하는 온라인 가상 컨시어지를 운영한다(What You Should Know 2019). 또는 객실을 떠나거나 전화를 받지 않고도 자체 일정과 편의에 따라 서비스 요청을 할 수 있는 객실 내 키오스크를 제공한다(Adler and Gordon 2013). 호텔 레스토랑의 내부 또는 헬스장 시설을 찍은 사진처럼 호텔 편의시설에 대한 정보는 점점 더 다양한 시각미디어를 활용하여 제공된다. 실제로 많은 호텔 로비에는 위의 목적으로 사용 가능한 대형 터치스크린이 설치되어 있다(Adler and Gordon 2013). 그 외 시설에서도 동일 시간에 호텔의 다른 장소에서 일어나는 일을 알리고 자 시각적 장치들을 활용한다(Chiasson 2010). 예를 들어, 현재 진행 되는 호텔의 시사 행사 및 모임을 시각적으로 전시하고, 레스토랑 특별 이벤트를 설명하고 사진을 제공하며, 로열티 프로그램을 설 명하거나, 현재 이용할 수 있는 여행 상품 구매처를 안내할 수 있 다. 이러한 의사소통 매체를 활용하면서 고객은 짧은 시간에 더 많은 정보를 얻어 효율적인 결정을 내릴 수 있다. 이러한 방식을 통해 고객은 의사소통 과정에 주체적으로 참여한다는 느낌을 받 는다.

위의 내용은 새로운 기술을 활용을 통해 여행 맥락에서 의사소 통의 조건이 향상될 수 있는 몇 가지 가능성을 보여준다. 물론 누 군가는 여행 직원과 직접 상담하기를 더 선호할지도 모른다. 요지 는 질문과 요청에 대한 신속한 처리를 목적으로 쉽게 접근 가능한 확장된 의사소통 채널들을 제공해야 한다는 것이다. 이를 활용하 는 고객은 공지되지 않은 정보 때문에 분노나 불만을 갖지 않게 되며, 오해의 소지가 있는 출처에 대한 의존도를 낮추면서 필요한 정보를 수집할 수 있게 된다.

익숙한 여행 경험 벗어나기 1
: 더 이상 이런 호텔에는 관심이 가지 않는다

지루함은 가장 치명적인 독이다.　　— William F. Buckley Jr.

① 미리보기

이 장에서는 습관화[habituation] 및 고정점 이동[anchor shifting] 개념을 사용하여 여행자가 주변 환경에 둔감해지는 문제에 대해 이야기한다. 습관화는 반복적으로 노출되어 무언가에 대한 관심이 줄어들 때 발생한다. 고정점 이동은 비교에 대한 기준이 변경될 때 나타난다. 두 가지 모두 과거 기쁨을 느꼈던 상황을 덜 민감하게 받아들이고 그에 대한 감동이 줄어들 때 나타난다. 고객의 습관화를 줄이기 위해 여행 서비스 제공자가 사용할 수 있는 한 가지 해결책은 고객 맞춤형 여행 공간을 창조함으로써 독창성을 더하는 것이다. 이를 구현할 방법에 대해 논의하도록 한다.

② 더 이상 흥미로운 것은 없다[nothing excites us anymore]

우리는 그 어느 때보다도 다양한 종류의 여행을 선택할 수 있는 시대에 살고 있다. 몇 가지 예를 들자면 사파리 휴가, 현지인과 함께 하는 여행, 야외 모험, 또는 스파 웰니스 관광 등을 선택할 수 있다. 개인이 선택할 수 있는 사항이 풍요로워졌다는 것은 여행이 긍정적으로 발전하고 있다는 것을 뚜렷이 보여준다. 그러나 너무 많은 선택 사항은 사람을 피곤하고 지치게 할 수 있다. 혹은 이제 모든 것을 다 경험해보았고 볼 만한 것들을 다 보았다는 느낌을 줄 수 있다. 지루함의 역학을 만들어 내는 몇 가지 사항에 대해 자세히 살펴보고, 여행산업 종사자들이 어떤 전략으로 이런 경험을 줄여나갈 수 있는지 살펴보자.

③ 고정점에 대한 문제들[anchoring issues]

비교하기가 행복에 얼마나 중요한지 다시 한번 살펴보자. 앞서 살펴본 것과 같이, 인간은 비교하려는 성향을 지니고 있다. 다른 사람의 피드백을 통해 자신의 경험 속 장점을 판단한다(Festinger 1954). 또한 개인의 과거 경험을 바탕으로 현재 상황을 평가한다(Larsen and McKibban 2008). 이러한 행동은 현재의 즐거움에 영향을 미칠 수 있다. 만약 볼쇼이 발레단의 환상적인 공연을 본 다음 날에 연이어 지역 대학의 발레 공연을 보러 갔다면, 예전에는 정말 감동 깊게 보았었던 대학 발레 공연에 대한 관심이 예전만큼 높지 않을 수 있다. 세계 최고 무용수들의 공연을 보면서 우리가 판단을 내리는 기준인 고정점이 재조정되었기 때문이다. 즉, 한때 우수하다고 여겨졌던 것이 이제는 수준 이하가 되었다(Gilbert 2007). 역설적으로, 이러한 변동은 과거에 수준 높고 특별한 것들을 더 많이 접할수록 현재의 기쁨에 대한 기댓값은 점점 더 올라간다는 것을 의미한다.

4 습관화[habituation]

우리를 지치게 하는 또 다른 요소는 여행 중에 같은 것을 여러 번 경험하는 것이다. 이는 많은 여행자들과 여행산업의 골칫거리인 습관화 현상과 관련된다. 실제로 사람은 반복적으로 보았던 익숙한 것들에 대해 쉽게 지루함을 느낀다(Frederick and Loewenstein 1999). 일부 사람들은 여행에서 예측 가능한 상황을 경험하는 것에서 안정감과 만족을 느끼게 되지만, 많은 사람들은 시간이 흐를수록 이러한 상황에 대해 무관심하고 둔감해져 버린다.

이와 관련하여 인기 TV 시리즈에서 유명 배우가 된 친구가 생각난다. 출연한 프로그램이 매우 유명해진 후, 그는 여행 시 항상 일등석을 이용했다. 그의 명성 때문에 호텔이 꽃과 과일 바구니, 음료나 간식과 같은 특별 혜택을 무료로 제공하는 것은 흔한 일이었다. 처음에는 그도 이러한 세심한 배려에 대해 매우 신이 나고 감사했다. 그러나 시간이 지남에 따라 너무나 익숙해져버리면서 받은 혜택에 거의 관심을 두지 않게 되었다. 실제로 그가 우리 부부와 함께 여행할 때, 그는 종종 받은 과일과 꽃을 우리 숙소로 가져가라고 주곤 했다.

이 짧은 이야기는 우리가 인생에서 흔히 직면하는 딜레마를 나타낸다. 우리는 예측가능성에서 편안함을 얻고자 하는 동시에 변화를 추구한다. 핵심은 둘 사이의 균형을 맞추는 것이다.

⑤ 여행자들이 지루함을 덜 느끼도록 돕기[helping travelers reduce ho-hum been there feelings]

위의 제목은 여행자가 여행지를 충분히 감상하고 받아들이도록 하기 위해서는 약간의 충격을 가함으로써 의식 없는 타성적인 움직임에서 벗어나도록 해야 한다는 것을 의미한다. 때로는 어떠한 대상에 대한 반응성을 높이기 위해서 우리의 관심을 끌 수 있는 환경에 대한 변화나 새로움이 필요하다. 주변 환경을 의식할 수 있도록 깨어있기 위해서는 사물을 보는 법을 배워야 한다.

너무 많이 여행을 다녀서 다양한 호텔 체인들이 모두 비슷해 보이는 여행자를 상상해보자. 아마도 곧 이 사람은 무언가 다른 것을 필사적으로 원할지도 모른다. 실제로 홈스테이를 비롯해 개인 주거지를 활용한 여행 숙박 시설의 인기가 높아지는 것은 이 사람만이 그러한 생각을 갖는 것이 아님을 증명한다. 오늘날 우리가 여행하면서 찾는 것은 단순한 편리함이나 똑같은 편안함이 아니다. 여행에서 추구하는 것은 좀 더 눈에 띄고, 흥미로우며, 기억에 남는 것들이다(Pine and Gilmore 2019). 그렇다면 우리는 이러한 놀라운 경험을 어떻게 찾을 수 있으며, 이를 돕기 위해 여행 업계의 사람들은 무엇을 할 수 있을까?

6 환경의 개인화[personalizing our environments]

우리의 주의력을 높이고 우리가 대상을 동일하게 지각하는 경향을 줄일 수 있는 한 가지 방법은 여행 장소에 각자의 개성을 더하는 것이다. 여행자의 취향과 선호를 공간에 반영하는 것으로 고객에게 개인 맞춤형 공간을 제공할 수 있다.

당신이 출장 중 어느 호텔에 머무르고 있는 경우를 상상해보자. 또한 그 호텔의 수준은 전반적으로 괜찮았으나, 특별히 인상적인 부분은 없었다고 가정해보자. 당신에게 주어진 과제는 이러한 환경에서 어떻게 숙박 시설을 더 생동감 있게 꾸미고 자신의 개성과 스타일을 더 잘 반영할 수 있는지가 될 것이다. 우선 고려해야 할 것은 당신이 만족스러운 방식으로 객실 공간을 꾸밀 수 있도록 호텔 관리자에게 더 많은 권한을 넘겨받는 것이다. 예를 들어 객실 섹션별 온도 설정, 다양한 조명의 조도, 혹은 창문 커튼의 빛 차단 정도 등과 같은 것들을 당신이 조절할 수 있다.

이러한 단순한 환경 설정에서 나아가 보다 미적이며 개인적 취향을 공간에 반영할 기회를 얻을 수 있다. 예를 들어 아침에 침대에 놓고 싶은 쿠션의 색깔이나 욕실에서 쓸 목욕 오일의 향 등을 선택할 수 있을 것이다. 일부 호텔은 객실 내 거실에서 고객이 재배치 가능한 모듈식 가구를 제공한다. 이런 객실에서 머무는 고객은 책상이나 독서용 의자의 배치를 변경하여 더 편안한 공간을 만들 수 있다. 또한 푹신한 혹은 딱딱한 슬리퍼를 선택하거나, 가볍거나 조금 무거운 침구를 선택하거나, 단단하거나 혹은 부드러운 베개를 선택할 수 있을 것이다. 비록 사소해 보일지라도, 이러한 선택 사항이 가능한 것은 고객에게 해당 장소가 진정 나만의 특별한 공간이라고 느끼도록 만든다.

그러므로 선택은 우리에게 힘을 실어준다. 선택은 각자의 개성을 표현할 수 있는 기회이기에 서구 문화에서 특히 강조된다(Iyengar and Lepper 1999). 또한 이는 환경에 대한 통제력을 다른 사람이 아닌 우리 스스로가 갖고 있다는 느낌을 준다. 그리고 우리는 다른 사람이 우리를 위해 선택하는 것보다 우리 스스로가 우리 자신을 위해 선택할 기회 갖는 것을 선호한다(Iyengar 2011). 이 모든 경향은 주어진 상황에서 자신의 방식대로 행동하고자 하는 것에 정당성을 부여하며, 이를 통해 우리는 향상된 자율성과 효능감[sense of autonomy and efficacy]을 느끼게 된다.

부가적으로, 여행산업 종사자들이 고객의 과거 숙박 관련 자료를 활용을 통한 개개인의 선호와 불호를 예측함으로써 제공된 서비스의 개인화[personalization] 수준은 보다 높아질 수 있다. 이는 고객의 지속적인 재방문을 위해 고안된 게스트 로열티 프로그램[guest loyalty programs]의 특징이기도 하다(ReviewPro 2019). 따라서 고객이 이러한 프로그램을 이용하여 동일한 호텔을 재방문하거나 혹은 동일 호텔 브랜드의 다른 지점을 방문하게 될 때, 호텔에서는 해당 고객에게 맞춰진 서비스를 제공하기 위해 최초 방문 시점부터 축적된 자료를 활용할 수 있다(Yeldell 2017).

예를 들어, 과거의 서비스 및 편의시설 이용 패턴, 특별한 요청 사항, 소비 습관, 불만사항, 룸서비스 주문 내역, 식사 습관 등을 조사하여 현재 요구사항과 선호를 예측할 수 있다. 구체적으로, 만약 지난번 방문에서 특정 스파 서비스를 이용했다면, 현재 투숙 기간 동안 사용할 수 있는 유사한 스파체험 할인 쿠폰을 제공하는 것이 가능하다. 이전에 수영장이 보이는 객실을 요청했다면, 비슷한 전망의 객실을 또 배정받을 수 있다. 고객이 글루텐이 함유되지 않은 특별식을 요청한다면, 이를 반영하여 객실 내 무료 간식 품목들을 구성할 수 있다. 그리고 고객이 오후 청소 서비스 및 늦은 체크아웃을 원한다면, 그에 맞는 서비스를 제공할 수 있다.

요점은 정교한 데이터 분석을 통해 높은 수준으로 고객 각자의 선호에 알맞은 종류의 경험을 제공하는 것이 가능하다는 것이다. 또한 고객이 직접 선택할 수 있는 사항들을 늘려가는 단순한 방식으로 고객이 좋아하는 환경을 창조할 수 있다. 위의 모든 경우에서 호텔 경영진은 고객들에게 특별히 편안하고 만족스러운 경험을 선사하기 위해 고객들의 요구사항에 관심을 기울일 필요가 있다.

11장

익숙한 여행 경험 벗어나기 2
: 생일 카드를 받으리라고는 예상하지 못했다

친절은 호의와 아름다운 놀라움의 문을 여는 열쇠이다.
- Michael Bassey Johnson

1 미리보기

이 장에서는 여행 환경에 둔감해지는 것을 막을 수 있는 방법에 대해 계속하여 탐구한다. 무뎌짐을 막기 위하여 여행 서비스 제공자가 놀라움, 친절, 눈치채기를 어떻게 활용할 수 있는지 살펴본다. 또한 긍정적 효과를 높이기 위해 각 전략을 잘 활용할 수 있는 방법에 대하여 이야기할 것이다.

2 놀라움의 힘[the power of surprises]

놀라움[surprises]을 이끌어내는 것은 여행에서 무미건조하게 반응하는 사람을 변화시킬 수 있는 또 다른 방법이다. 제공된 서비스에 대해 소비자가 기대하지 않았고, 예측할 수 없었으며, 서비스 자체가 참신한 경우 놀라움을 효과적으로 이끌어낼 수 있다. 익숙해 보이는 환경에서도 놀라움은 고객의 주의를 끌어낼 수 있다(Bryant and Veroff 2007).

이에 대해 좀 더 생각해보기 위해 다음의 상황을 상상해보자. 아침에 호텔이나 유람선 객실 문 앞에 놓여있는 조그만 선물을 우연히 발견했다면 당신은 어떠한 감정을 느낄 것 같은가? 이 선물은 당신의 취향과 관심사가 반영된 것일 수도 있다. 또는 저녁 식사를 마치고 객실로 돌아왔을 때, 머리맡에 다양한 종류와 색상의 사탕이 놓여있다면 어떨까? 혹은 깜짝 경품 추첨에 당첨되어 호텔 레스토랑의 식사권이나 골프장 이용권을 무료로 받게 된다는 소식을 듣는다면 어떤 느낌일까?

여기서 이야기의 초점은 사건의 발생 그 자체보다는 그 안에 담긴 마음과 사건의 비예측성에 있다. 백만장자 어른부터 어린아이에 이르기까지 우리 모두는 깜짝 놀람[surprises]과 예상치 못한 선물을 좋아한다(Luna 2015). 사람은 예상하지 못했던 선물을 받게 된 경우, 선물에 많은 마음이 담겨 있다고 느끼면 이를 더욱 소중하게 여기는 듯하다. 선물은 받는 이를 향한 따뜻한 의도와 태도를 나타내기 때문이다(Rigoglioso 2008).

따라서 만약 누군가 깜짝 선물로 에밀리 디킨슨의 시집을 준다면, 나는 그 책을 특별히 더욱 소중하게 간직할 것이다. 이는 책의 가격과는 상관없이 내가 가장 좋아하는 시인이 에밀리 디킨슨이라는 점을 반영한 선물이기 때문이다. 신경을 써주는 행위는 다른 사람에 대한 고민과 관심을 나타낸다. 이러한 유형의 사소한 배려가 더해진다면, 다소 평범한 호텔에서 특별할 것 없는 숙박 경험이 진정 기억에 남는 사건으로 변할 수 있다.

③ 친절한 행위[acts of kindness]

보살핌은 특별한 요청을 받기 전에 친절을 베푸는 것을 의미할 수 있다(Filep, Macnaughton and Glover 2017). 친절을 받게 되면 타인을 바라보는 시선이 유연해지고 혼자가 아니라고 느끼게 된다. 친절로 가득 찬 세상은 한층 더 부드럽고, 보다 연결되어 있으며, 덜 차가운 곳이 된다(Baskerville, Johnson, Monk-Turner, Slone, Standley, Stansbury, Williams and Young 2000). 또한, 친절은 또 다른 친절을 낳는다. 우리가 누군가에게 친절을 받으면 다른 사람들과 교류할 때 그들을 더 친절하게 대하고 그들의 친절한 행동을 기억하는 경향이 있다(Otake, Shimai, Tanaka-Matsumi, Otsui and Fredrickson 2006).

이와 관련하여 친구에게 들은 아름다운 호텔 방문기가 떠오른다. 결혼기념일을 축하하고자 친구의 남편은 화려한 장미 꽃다발을 객실로 주문했다. 며칠 후 꽃들이 시들기 시작하고, 오직 한 송이만 여전히 아름답고 싱그러웠다. 내 친구는 꽃다발이 남편의 배려심을 나타낸다고 생각했기 때문에 차마 그것을 버리지 못하고 딱 하루만 더 가지고 있기로 하였다. 그날 오후 여행을 마치고 돌아왔을 때, 친구 부부는 호텔 청소 도우미가 아직 싱싱한 그 꽃 한 송이를 새 꽃병에 담아 예쁜 리본까지 묶어 둔 것을 발견하였다. 그 꽃병은 객실에 들어가자마자 바로 보이는 옷 서랍 위에 놓여 있었다. 이것을 본 내 친구는 거의 울 뻔했고, 이 호텔을 결코 잊지 못할 것이라고 말했다.

친절은 사람들의 마음을 사로잡는다(Galante, Galante, Bekkers and Gallacher 2014). 객실 벽의 색깔이나 호텔 로비의 가구 배치 등에 대해 잊어버린 지 이미 오래된 시점에서도 호텔 방문 당시 받았던 친절은 여전히 감동적이며 이야깃거리를 제공한다. 그리고 친절은 그에 대한 비용이 거의 들지 않을 수 있다. 친절은 주는 사람과 받는 사람 모두에게 보답하는 일종의 선물이다. 친절을 다 베푼 뒤에도 오랫동안 개인의 마음에 남아 있다.

④ 눈치채기와 인정받았다고 느끼기[noticing and feeling validated]

주변 환경에 대한 무반응에서 벗어날 수 있는 마지막 방법은 우리가 전달하는 무언의 메시지를 다른 사람이 알아차리는 것이다. 눈치채기[noticing]는 메시지 수신자에게 당신의 말에 귀를 기울이고 있으며 관심을 가지고 바라보고 있다는 것을 태도로 표현해준다(Seltzer 2017). 이러한 눈치채기는 기억 속에서 사라질 뻔했던 경험을 우리 안에서 계속 살아 숨 쉬는 체험으로 바꾼다. 그리고 눈치채기는 자기 사고에 확신을 갖는 일종의 자기타당화[self-validation]를 끌어낼 수 있다.

예를 들어 당신이 어느 호텔에서 체크인을 마치자마자 외출을 하려고 한다고 상상해보자. 그리고 데스크 직원은 밖에 비가 내리고 있으며 당신에게는 우산이 없다는 것을 알아챘다고 가정해보자. 건물을 나설 때 이 직원이 벌떡 일어나 호텔 우산 중 하나를 빌릴 것인지 물어보면 당신은 어떻게 반응할 것인가 상상해보자. 또는 장거리 해외여행에서 당신의 아이가 자리에서 안절부절못한다는 사실을 승무원이 눈치채고 아이를 달래기 위해 가지고 놀 수 있는 작은 장난감을 줄 수도 있다. 두 사례 모두 눈치채기를 통한 서비스 제공으로 매뉴얼에 쓰여진 상투적 제안을 넘어 고객의 특수한 상황이 반영되어 서비스가 제공되고 있음을 보여준다.

또 다른 예로 수년 전 남편과 함께 인도의 콜카타에 있는 작고 아기자기한 호텔에 머무르면서 일어났던 일이 떠오른다. 남편과 나는 매일 쇼핑을 하거나 유명한 곳들을 보러 나갔고, 하루가 끝날 무렵 피곤한 상태로 숙소로 돌아가곤 했다. 우리에게는 매일 관광을 마치고 돌아오는 길에 시원한 맥주를 사서 방으로 들어가는 것이 습관이 되었다. 그러던 어느 날 호텔 방으로 돌아왔을 때, 호텔에서 제공한 병따개가 달린 아이스 맥주 두 병과 유리컵 두 잔이 테이블 위에 놓인 것을 발견했다. 우리는 이 순간 느꼈던 기쁨을 결코 잊지 못한다. 그곳에서 우리가 보았던 관광명소들은 기억에서 사라진 지 오래이다. 반면 이 일은 마음속에 선명하고 강력하게 남아 있다. 이 작은 눈치채기 행위로 단순한 숙박 장소가 내 집처럼 느껴지고 영원히 기억될 곳으로 탈바꿈했다.

눈치채기는 중요하다. 현대인들은 다른 사람들과 교류하는 와중에도 소외감을 느끼며 그저 얼굴도 모르고 스쳐지나가는 사람 중 한 명이 되어간다고 느낀다. 눈치채기는 이러한 느낌을 완화해준다. 눈치채기만으로도 이러한 인식은 바뀔 수 있으며 우리의 자아감(sense of self)은 회복될 수 있다. 이를 통해 우리는 다른 사람들이 우리 자신을 관심가질 만한 가치가 있는 존재로 보고 있음을 확인한다(Ariy, Kamenica, Prlac 2008).

유념할 것은 눈치채기는 일반적으로 예의 바르게 행동하거나 상냥하게 반응하는 것과 다르다는 점이다. 타인이 우리들을 다른 이들과 구별되는 욕구, 욕망, 그리고 걱정거리가 있는 독특한 한 사람으로 인지할 때 눈치채기는 발생한다. 이러한 행동은 여행자에게 강력한 활기를 불어넣을 수 있다.

여행 시간 잘 활용하기
: 여기서 흐름을 놓친 것 같다

시간은 환상이며, 시간 맞추기는 기술이다.   – Stefan Emunds

① 미리보기

이 장은 여행의 즐거움을 배가해주는 시간의 효율적 활용에 대해 논의한다. 시간에 대해 다양한 관점에서 고찰할 것이다. 첫째, 적절한 흐름 맞추기의 중요성은 최적 각성 이론[optimal arousal theory]과 기대의 힘[the power of anticipation] 관점에서 논의된다. 또한, 시간이 유독 즐겁게 느껴지는 상황과 달콤씁쓸한 정서가 나타나는 순간에 대해 고찰한다. 마지막으로, 일련의 사건 발생에 있어서 사건들 순서를 적절하게 배열하는 것이 즐거움을 높이는 데어떠한 영향을 끼치는지 살펴본다. 이와 관련하여 마지막까지 최고의 순간을 아껴두는 것에 대한 효과를 알아본다.

② 흐름 맞추기의 힘[the power of pacing]

지금까지 여행 서비스 제공자들이 긍정적으로 고객을 응대하고 여행자가 여행 환경에 대해 무뎌지지 않도록 돕는 다양한 방법에 대해 논의해왔다. 이제는 주제를 바꾸어 여행 서비스 제공자의 시간 운영이 고객이 세상을 인지하고 받아들이는 방식에 어떻게 영향을 주는지에 대하여 이야기하고자 한다. 특히 서비스나 기타 편의시설을 제공하는 맥락에서 완벽한 시간맞춤 서비스가 고객의 여행 환경에 대한 반응 수준을 어떻게 높이는지에 대하여 논의할 것이다. 이를 적절한 순간 효과[just-right-moment effect]라고 이야기하자.

휴가 때 친구들과 레스토랑 두 곳을 방문하는 경우를 상상해보자. 첫 번째 식당(A식당)에서 주문한 요리가 모두들 무척 마음에 들었기 때문에 두 번째 식당(B식당)에서도 똑같은 음식을 주문했다고 가정하자. 그러나 두 음식의 품질은 동일했음에도 불구하고 두 식당에서 우리의 반응은 사뭇 달랐다. 무엇이 이러한 차이를 만들었는지 살펴보기로 하자.

A식당에서는 선호하는 모양의 식탁에 앉아 전채요리, 메인 코스, 그리고 식사의 마지막에 커피와 디저트를 주문하였다. 잠시 수다를 떨고 주문한 전채요리의 맛이 얼마나 좋을까 생각하기 시작한 바로 그 순간 웨이터가 요리를 가져왔다. 요리는 정말로 환상적이었고, 우리는 한 입 한 입을 즐기며 맛있게 먹었다. 다 먹고 한동안은 느긋하게 이야기를 나누었다. 시간이 적절히 흐르고 난 후 슬슬 배고픔을 느끼는 그 순간에 메인요리가 나왔다. 우리는 한 입씩 음미하며 천천히 식사했다. 이어서 얼마간 시간이 지난 후 저녁 식사를 환상적으로 마무리해줄 디저트와 커피가 딱 맞춰 나왔다. 모두들 매우 만족감을 느끼면서 식당을 떠났다.

이제는 B식당에서도 우리가 선호하는 모양의 테이블에 앉고 같은 음식을 주문했다고 상상해보자. 이번에는 전채요리가 아주 빨리 나왔는데, 메인요리가 왔을 때도 우리는 여전히 전채요리를 먹는 중이었다. 잠시 후 웨이터가 다시 와서 아직 다 먹지도 못한 전채요리와 메인요리 모두 무례하게 가져가 버렸다. 이어서 우리는 디저트와 커피를 받기 위해 40분을 기다려야 했고, 음식에 관한 관심은 이미 사라진 지 오래였다. 정말 화가 나서 결코 다시는 그곳에 가지 않을 것이라고 툴툴거리면서 식당을 떠났다.

무엇 때문에 우리의 반응이 이렇듯 달랐는지는 쉽게 추측 가능하다. 우리의 긍정적 혹은 부정적 반응은 식사가 얼마나 적당한 시점에 나왔는지와 관련된다. 흐름은 때때로 너무 느릴 수도 혹은 너무 빠를 수도 있으며, 흐름이 적절한지에 대한 판단은 서비스를 받는 사람이 제공된 서비스를 받아들일 준비가 되었는지의 여부에 달려있다. 식사 환경에서 흐름을 맞춘다는 것은 종업원들이 매우 빠르게 혹은 느리게 움직였음을 말하는 것이 아니다. 음식 코스 사이에 충분한(그렇지만 너무 느리지도 않은) 간격을 두었다는 것을 의미한다. 적절한 흐름 맞추기는 앞으로 다가올 일에 흥미를 불러일으키는 기대의 힘과 관련이 있다. 언제든지 할 수 있기 때문에 별로 기대가 되지 않는 경험과 달리, 긍정적으로 기대하고 경험은 더욱 즐겁다(Quoidbach, Mikolajczak 및 Gross 2015).

또한, 극도로 감동하거나 극도로 실망하지 않는 최적의 각성 수준[an optimal level of arousal]에 도달하는 시점과 관련하여 적절한 흐름 맞추기에 대해 생각해볼 수 있다(Xie 2016). 첫 번째 식사 사례에서 이것은 우리가 배고픈(그러나 너무나 허기질 정도는 아닌) 때에 딱 맞춰 웨이터가 음식을 가져온 상황을 일컫는다. 적절한 시간에 충분한 음식이 제공되었다.

따라서 만약 적절한 흐름 맞추기가 올바로 작동하고 있다면, 고객에게 제공된 서비스는 고객의 욕구와 일치된다. 이것이 의미하는 바는 사람마다 각기 다른 상황에 놓여있으므로 올바른 흐름 맞추기는 매번 동일한 모습으로 나타나지는 않는다는 것이다(Noone, et al. 2007). 예를 들어, 식사를 마친 후 곧바로 관람해야 하는 연극 공연을 예약한 커플의 경우, 레스토랑에서의 식사가 그날의 유일한 이벤트인 커플보다 음식 코스 간 간격이 더 짧기를 원한다. 고급 레스토랑에서 식사하는 커플은 패스트푸드 식당에서 식사하는 커플보다 적절한 흐름 맞춤에 더 관심을 가지기 마련이다(Noone, et al. 2007).

흐름 맞추기는 식음료 서비스뿐만 아니라 여행 일정 조정, 객실 청소, 엔터테인먼트 공연장 등의 다른 다양한 서비스 영역에서도 중요하다. 가이드를 동반한 단체 여행을 예로 들어보자. 여행자들이 충분히 구경을 하기도 전에 다른 지점으로 서둘러 이동하게 되거나 특정 장소에 오래 머무르면서 가이드로부터 지나치게 자세한 설명을 듣게 된다면, 그들은 지루함을 느끼게 된다. 아직 잠에서 깨기에는 이른 아침 시간 혹은 너무 늦은 오후에 청소 도우미가 고객이 사용 중인 호텔 방을 청소하려고 할지도 모른다. 이러한 사례는 셀 수 없이 많다.

적절한 흐름 맞추기는 우리의 여행 경험을 즐겁고 만족스러운 순간으로 만들거나, 혹은 견뎌내야만 하는 시간으로 만드는 핵심 요인이다. 적절한 흐름 맞추기는 매우 중요한 결과를 낳기에 호스피탈리티 종사자들은 반드시 익혀야 할 기술이다.

3 시간적 순서와 마지막까지 최고의 순간을 아껴두기

[time sequencing and saving the best until last]

여행사가 이벤트 순서를 정하는 방식도 여행 만족에 영향을 끼칠 수 있다. 영원히 휴가가 끝나지 않기를 바라는 마음 때문에 우리는 휴가 중에 평소보다 더 자주 시간의 흐름을 의식하게 된다. 이러한 시간의 순식간 지나감을 인식하는 것은 우울함을 낳는 것처럼 보일 수 있다. 그러나 역설적이게도 시간이 지난다는 것에 신경을 쓰는 것은 경험한 사건들에 소위 달콤쌉쓸한 감각을 덧붙이게 되면서 즐거움을 증가시킨다(Lakein 1974). 이러한 감각은 황홀하면서도 슬픈 양가적 감정으로, 특별하고 즐거운 이 순간이 다시는 오지 않으리라 여길 때 강해진다(Larsen, McGraw and Cacioppo 2001). 이번이 마지막일 것이라는 짐작은 묘한 슬픔을 낳으며, 우리의 마음과 기억에서 해당 경험이 지닌 의미에 깊이를 더한다.

크루즈 여행의 마지막 날 밤을 상상해보자. 가이드는 크루즈 여행이 곧 끝난다는 사실에 무게를 두고, 승객을 위해 식당에서 특별 만찬을 열어 이를 기념하기로 정했다. 이는 해당 이벤트를 통해 이번 여행을 하면서 고객이 실망했을지도 모르는 것들이 추억할 만한 것으로 바뀌기를 기대하기 때문이다.

과거 경험을 돌아보았을 때 우리의 마음속에서 차지하는 비중은 매우 높은 것은 마지막에 발생하는 사건이다. 피크 엔드 법칙 [the peak and end rule]에 따르면 우리는 무엇인가를 경험하면서 가장 좋았던(또는 최악의) 것과 마지막에 일어난 것을 가장 자주 기억하는 경향이 있다(Do, Rupert and Wolford 2008). 즉, 크루즈 여행 중간부에 멋진 파티를 하고 마지막 날은 긴장되고 우울하게 보냈을 때와 마지막 날을 훌륭한 파티로 마무리했을 때를 비교해보면, 전자보다 후자의 경우에 사람들은 여행 전체가 아름다웠다고 생각한다. 이러한 경향이 여행 서비스 제공자들에게 주는 교훈은 고객의 여행에 대한 긍정적인 기억을 높이기 위해서는 마지막에 정점을 찍는 것이 보다 현명하다는 것이다.

마지막 만찬을 준비하는 크루즈 디렉터는 파티가 열리는 식당 환경을 일부 변경하여 식당이 새롭고 특별하게 보이도록 만들 수 있다. 예를 들어 테이블에 다른 스타일의 꽃꽂이를 하거나 테이블보와 냅킨의 색상 또는 테이블과 좌석의 배열을 바꿀 수 있다. 식사 시간에 밴드가 연주하는 배경 음악 종류를 변경하거나, 조명을 이전보다 더 부드럽고 신비로운 느낌으로 조정할 수 있다. 이러한 변화는 여행에 대한 추억이 인상적으로 오래 지속되는 것을 돕는다.

13장

여행자의 참여 기회 늘리기
: 여행 경험에 푹 빠지다

창조적인 에너지를 해방시키고 이것이 자유롭게 흐르도록 두어라. 가능성을 음미하라.
- Nita Leland

① 미리보기

이 장에서는 심리학의 플로우(flow) 개념을 활용하여 여행 활동과 경험에서 어떻게 완전히 몰두할 수 있는지에 대해 논하고자 한다. 플로우는 우리가 하고 있는 일에 완전히 몰입하여 불필요한 에너지를 쓰지 않고 모든 노력과 관심을 쏟은 상태일 때 발생한다. 플로우를 촉진하거나 저해하는 조건과 더불어 여행자가 플로우 상태에 도달하도록 여행 서비스 제공자가 도울 수 있는 전략에 대해 탐색한다.

② 몰두와 웰빙[engagement and well-being]

지금까지 주변 환경에 대한 여행자의 인식[awareness]과 수용성[receptiveness]을 높일 수 있는 여러 방법들과 이를 위한 활동을 하는 중 직면하게 되는 어려움에 대해 살펴보았다. 인식과 수용성을 높이는 목적은 여행자가 여행 환경에 스며들어 그 곳에서 벌어지는 일에 온전히 몰두하도록 만드는 데 있다. 이러한 몰두는 웰빙의 중요 요소로 정의되고 있으며, 몰두를 경험하는 것 자체만으로도 큰 만족을 낳을 수 있다. 연구는 개인이 적절한 행동을 하였을 때 몰두가 지닌 힘을 보여주었다. 구체적으로 몰두는 우리가 행동에 빠져들고, 활력을 지니며, 수천 가지의 긍정적 감정을 느끼는 데 도움을 준다는 것이다(Massimini and Carli 1988).

　이러한 감정은 빠르게 생겼다가 사라지는 단기적인 찰나의 쾌락을 의미하지 않는다. 이것은 보다 깊고 지속적인 만족감과 성취감을 가리키며, 우리가 진정으로 하고 싶은 일을 하기 위해 모든 흥미와 주의를 집중할 때 얻을 수 있다. 이러한 심리적 상태와 긍정적 정서를 여행에서는 어떻게 성취할 수 있는지에 대해 생각해보자.

③ 여행과 플로우[travel and flow]

　우리는 여행을 통해 새로운 것에 도전하고 세상과 의미 있는 방식으로 교류할 수 있는 기회를 얻는다. 이러한 기회를 통해 우리 삶의 활력이 회복될 수 있다. 예를 들어 아름다운 호수에서 카약을 타거나 일몰 사진을 찍으며 휴가를 보내고 있다고 상상해보자. 당신은 활동에 너무 몰두한 나머지 시간이 얼마나 지났는지 알지 못했다. 어쩌면 하는 일에 매우 흥미를 느껴 정신을 놓고 자기 자신을 의식하지 않은 채 그저 활동 자체에만 집중했을 수도 있다. 그 일을 하는 데 모든 노력과 집중력을 쏟아부어 다소 피곤해졌으나, 오히려 활동을 마친 후 당신은 더욱 에너지가 넘치고, 활기차며, 웰빙을 느꼈다.

　앞의 설명은 심리학자들이 설명하는 플로우 상태를 묘사하고 있다(Massimini and Carli 1988; Csikszentmihalyi 1990). 플로우는 사람이 행동하는 그 순간에 완전히 빠져들어서 자신이 하고 있는 일과 동화되고 그 일에 모든 에너지를 쏟아 넣을 때 나타난다(Jackson 1992).

개념에 대한 이미지를 그려보자. 자신의 연기에 완전히 몰입한 댄서, 혹은 자신이 창조하고 있는 그림에 완전히 빠져든 화가, 혹은 단순히 공을 치는 것이 아닌 경기 자체에 빠져들어 어떠한 의식적인 노력도 없이 매끄럽게 경기를 하는 것처럼 보이는 야구선수를 상상해보자. 이러한 상태는 무언가를 쫓는 고양이와 유사하게 에너지를 쓸데없이 낭비하지 않음을 의미한다. 즉 우리는 지금 하고 있는 것에 완전히 침식(侵蝕)된다.

플로우 경험은 우리가 하는 일에 완전히 빠져들게 됨으로써 얻게 되는 긍정적인 정서로 구성된다. 우리는 여행에서 어떻게 이런 플로우를 더 자주 경험할 수 있을까? 그리고 이를 위해 여행 서비스 제공자들은 어떤 도움을 줄 수 있을까?

4 플로우를 위한 조건들[conditions for flow]

의식적으로는 플로우 상태에 빠질 수는 없다. 하지만 플로우 발생을 위한 흐름을 촉진하거나 또는 방해하는 조건은 조성할 수 있다(Csikszentmihalyi 1990). 잘 알려진 조건으로, 플로우는 수동적 활동에 참여했을 때보다 노력이 요구되는 적극적 활동에 참여했을 때 더욱 자주 발생한다. 따라서 단순히 호텔 객실에서 TV를 보거나 창밖을 바라보고 있을 때는 플로우를 경험하지 못할 것이다. 더 집중력을 요하는 행위가 수반될 때 플로우를 경험할 수 있다.

또한 플로우 상태에 들기 위해서는 몰두할 수 있는 일을 해야 하고, 그 일의 난이도는 개인이 지닌 기술 수준에 맞아야 한다 (Moneta and Csikszentmihalyi 1996). 만약 당신이 일반적인 수준의 선수이면서 기억에 남는 경기를 하고 싶은 경우, 당신은 스타급 프로 선수나 테니스를 막 배우기 시작한 사람과 경기하는 것을 원하지 않을 것이다. 첫 번째 사람은 당신을 너무 압도하고 두 번째 사람은 당신을 지루하게 만든다.

또한, 긴장을 느끼지 않고 편안하면서도 자기 자신을 과하게 의식하지 않는 환경에 있는 것이 좋다(Grenville-Cleave 2013). 타인의 시선을 매우 의식하는 경향성이 높은 사람이라면 더욱 그렇다. 이러한 사람은 어렵고 새로운 기술을 배우려고 시도할 때 비판적인 청중이 지켜보고 있다면 집중력이 흩어질 가능성이 크다. 부정적 비교는 개인을 플로우 상태에 빠지는 것을 어렵게 한다.

마지막으로, 명확한 목표가 있고 성과에 대한 피드백이 분명할 때 쉽게 플로우 상태에 빠져들 수 있다(Strati, Shernoff and Kackar 2012). 명확한 목표가 없고 수행 수준에 대한 분명한 피드백도 없는 꽃꽂이 수업에서 꽃다발을 만들려는 경우를 예로 들어보자. 이 경우, 꽃다발 만들기에 대한 수강생의 관심은 얼마 지나지 않아 사라져 버릴 것이다. 이와 대조적으로, 명확한 목표가 설정되어 있고 수행에 대한 분명한 피드백을 주면서 기술 향상을 위한 구체적인 방법을 알려주는 선생님이나 가이드가 있는 수업이라면, 수강생들이 꽃다발 만들기에 지속적으로 몰두할 확률은 증가할 것이다.

이때의 피드백은 수강생의 사기를 떨어트릴 정도로 부정적이어서는 안 된다. 꽃다발 만들기를 더 잘할 수 있는 구체적인 방향을 제시하지 못하는 일반적인 칭찬이 되어서도 안 된다. 따라서 과제를 완료한 수강생에게 선생님이 "당신의 작품이 좋다는 생각이 안 드네요"와 같이 낙담시키는 말을 건네거나, 혹은 "좋아 보이네요"와 같은 통상적인 칭찬을 하는 것은 수강생이 플로우 상태에 빠져드는 데 도움이 되지 않는다. 작품이 개선되기 위해서는 어디를 어떻게 수정할 수 있을지에 대한 분명한 의견을 주는 것이 더 좋다. 예를 들어, "검붉은 딸기를 추가하여 색을 더하고 꽃들의 높이에 변화를 주면 전체적인 구성이 더 조화로워 보일 것 같네요"처럼 말이다.

 5 여행자들의 플로우 경험 돕기[helping travelers find flow]

플로우를 촉진하는 특정 활동 및 환경을 찾을 수 있는 간단한 공식은 없다. 그러나 플로우가 발생할 수 있는 가능성을 높이거나 방해할 수 있는 조건들은 존재한다. 물론 한 사람이 플로우 상태에 이르는 데 도움이 될 수 있는 완벽한 환경은 개인의 성격과 성향, 강점 및 선호에 따라 다를 수 있다. 이것은 다시 적합도에 대한 논의를 불러온다.

예를 들어, 나는 개인적으로 유화 그리기와 만돌린 연주하기 둘 다 좋아한다. 휴가 중 이러한 학습 활동을 계속하길 원한다면, 대규모 그룹 수업보다는 교사와의 일대일 강습을 훨씬 더 선호할 것이다. 또한, 전문 예술가나 음악가들과만 교류한 사람보다는 다양한 수준의 사람들과 함께 작업해보았던 사람을 선생님으로 원할 것이다. 마지막으로, 정물화 그림을 그리는 것을 좋아하고 학생들에게 유용한 조언을 주면서도 비판적으로 평가를 내리지 않는 방식으로 의견을 주는 선생님이라면 더 도움이 될 것이다.

위의 것은 내가 플로우에 빠지기 위한 전반적인 윤곽[flow profiles]이라 할 수 있으며, 다른 사람들의 경우와 다를 수 있다. 개인의 선호는 정치나 영화에 관한 흥미처럼 우리가 지닌 추상적인 관심사들과는 연관되지 않는다. 플로우에 대한 윤곽은 내가 어떤 종류의 활동을 할 때 완전히 빠져들며, 어떠한 환경에서 이런 플로우 현상이 나타났는지에 대해 알려준다. 플로우 상태를 위한 활동의 종류와 환경적 요건을 안다면, 내가 여행지에서 플로우 경험을 위한 최적의 장소를 찾도록 여행 플래너, 호텔 콘시어지, 크루즈 디렉터와 같은 여행산업 종사자들이 도와줄 수 있다.

나의 개인적 사례로 돌아가서 이야기를 더 진행해 보자. 예술적 관심사와 어떤 강사를 원하는지에 대하여 내가 여행 서비스 제공자와 이야기했다고 해보자. 그렇다면 그는 나에게 근처 커뮤니티에서 활동하는 예술가들 중 초보 및 숙련된 학생을 대상으로 정물화를 가르치는 예술가에 대한 정보를 제공할 수 있다. 또한 선정된 예술가에 대한 평가 댓글을 공유하거나 학생 지도 방식 등에 대해서 알려줄 수 있다. 또한 예술가의 작품을 찍은 사진을 미리 받을 수도 있다. 여러 정보를 검토한 후 나에게 가장 잘 맞는 강사와 장소를 결정하게 될 것이다. 여행에서 즐거움과 기쁨을 찾는 능력은 이러한 과정을 통해 상당히 향상될 수 있다.

14장

경외감 높이기
: 숨이 멎는다

대부분의 경우 아름다움은 최고의 단순함 속에 있다.　－ Winna Efendi

① 미리보기

이 장은 여행 경험에서 때때로 발생하는 경외감의 본질에 대해 논의한다. 또한 경외감을 촉진 혹은 방해하는 요소들과 경외감 발생을 위해 여행 전문가들이 활용할 수 있는 전략들에 대해서도 탐색한다.

② 경외의 본질[the nature of awe]

우리는 여행을 하면서 일상생활에서는 많이 접하지 못하는 다양한 감정을 경험하게 된다. 여기에는 경외도 포함된다. 웅장하고 경이로워 보이며, 비범한 무언가에 대하여 깊이 사유할 때, 사람은 경외심을 가지게 된다(Allen 2018). 경외심은 언어로 완전히 묘사될 수 없는 느낌을 주며, 일시적으로 우리가 자기 자신에게서 벗어날 수 있게 만든다(Maslow 1968). 이는 경외가 지닌 힘의 일부인 자기 축소[self-diminishing]를 의미한다. 이때 우리는 좋은 의미에서 보잘것없음을 느끼는데, 우리와 다른 어떤 것이 매우 웅장하고, 크고, 특별하게 훌륭해 보였기 때문이다(Keltner and Haidt 2003).

예를 들어, 우리는 그랜드 캐니언이나 광활한 바다를 응시하면서 일종의 경외를 경험할지도 모른다. 또는 오래된 성당 창문의 스테인드글라스에서 깊고 황홀한 푸른 빛을 바라보거나 훌륭한

교향곡을 감상하는 중 처음으로 대상 속에 담긴 진정한 아름다움을 완전히 느낄 수도 있다.

이러한 순간이 발생할 때, 우리 기억 속에 각인되는 일종의 감탄을 느끼게 된다. 이 경험은 말 그대로 우리가 숨 쉬는 것을 잊도록 만들며, 오한이나 소름이 돋게 할 수도 있다. 경외감을 가지고 무엇인가를 바라보는 것은 우리에게 새롭고 확장된 방식으로 세상의 일부분을 이해하게 되었다는 깨달음을 준다. 이러한 점에서 경외를 느끼는 경험은 전환적[transformative]이다(Elkins 2001). 어느 식당에서 밥을 먹었는지 혹은 어떤 기차를 타고 어느 곳을 갔었는지 등을 잊어버린 후에라도 이러한 경외감은 우리 마음에 생생하고 선명하게 남을 수 있다.

또한, 경외감을 느끼는 것은 다양한 긍정적 감정을 느끼는 것과 관련되어 있다. 예를 들어, 경외는 우리가 다른 사람들과 연결되어 있다는 느낌을 주고, 이 거대한 세상에 함께 존재한다는 것이 하나의 특권처럼 느끼게 한다(Krause and Hayward 2014). 13장에서 언급한 플로우 상태와 유사하게, 경외는 우리가 일시적으로 우리 자신에게 무관심해지고, 스스로에게 존재하는 문제들에 대한 부담을 덜어주는 일종의 자기 비우기[self-emptying]를 유발한다(Shiota, Keltner and Steiner 2007). 이러한 방식으로 경외를 경험하는 것은 심리적인 치유 효과를 줄 수 있다. 이와 더불어, 경외는 다른 사람에게 친절하고 관대해지는 경향성을 높인다. 이는 경외감이 사회적 구성원으로 속해 있다는 느낌과 타인과 관계 맺고 있다고 느끼는 감정과 연결되어 있기 때문이다.

경외를 느끼는 것은 매우 만족스러운 경험이다. 하지만 이러한 상태에 도달하기란 어려운 일이다. 그랜드 캐니언을 여행하는 예로 돌아가자면, 이 책에서 이미 논의되었던 다양한 요인들 때문에 이 여행은 우리 삶의 웅장한 하이라이트가 될 수도 있다. 반대로, 견디기 힘든 시간이 될 수도 있다.

예를 들어 피로감은 우리가 경외감을 느끼고 주변 환경에 반응하고 받아들이는 것을 방해할 수 있다. 따라서 길고 피곤했던 여행으로 인한 수면 부족 상태에서 그랜드 캐니언을 본다면, 여행자는 대상이 지닌 아름다움을 온전히 감상할 수 없을 것이다. 또한 거대한 그랜드 캐니언 전체를 한 번에 보기 위해 빡빡하고 급하게 진행되는 일정을 유지한다면 여행 피로는 더욱 악화될 수 있다.

자기 자신에 초점을 맞추기보다 타인과의 부정적 비교에 집중하여 우리의 경험과 행동을 바라본다면, 경외감에 대한 우리의 수용성[receptivity]은 더욱 줄어들 수 있다. 예를 들어, 당신은 당신을 제외한 모든 사람이 가장 유명한 장소로 안내할 유능한 여행 가이드를 확보했거나, 혹은 그들 모두 유명한 전망지에 들르는 버스표를 미리 가지고 있다는 것을 그랜드 캐니언에 도착해서 알게 되었다고 상상해보자. 만약 당신이 온종일 그 사건에 집착해버린다면, 바로 눈 앞에 펼쳐진 찬란한 아름다움을 놓칠지도 모른다.

마지막으로, 세상에 대해 권태를 느끼는 태도의 증가는 경외를 경험하는 능력을 훼손시킬 수 있다. 이미 모든 것을 보았고 깊은 인상을 남길 수 있는 것은 더 이상 남아 있지 않을 거라고 확신해버리기 때문이다.

그러므로 찬란한 감정인 경외감은 여행이 올바로 짜여 있지 않으면 쉽게 깨질 수 있다. 이러한 점에서 좋은 여행 플래너들에게 도움을 받는 것이 필요하다. 전문가들은 여행자들이 지나치게 피곤하지 않도록 적절한 속도로 여행을 할 수 있게끔 여행에 대한 전반적 계획을 짜는 것을 도와줄 수 있다. 회복을 위한 스파 체험이 가능한 편안한 숙박시설을 확보하는 데 도움을 줄지도 모른다. 또한 여행 가이드 섭외나 예약 방법, 관광지 교통 티켓을 구하는 방법 등과 같이 유용하고 실용적인 정보를 제공할 수 있다. 사전에 적절한 조치를 취하는 것은 여행 중 혼란과 불확실성을 줄여주며, 여행 중 마주하는 아름다움과 웅장함을 온전히 감상할 수 있게 도와준다.

지금까지 여행 중 만족을 높일 수 있는 방법과 이를 방해하는 장애물 유형에 대해 다양하게 살펴보았다. 이제 이 책의 2부에서 제시한 몇 가지 아이디어를 가상 사례 연구에 적용해보자. 지금껏 소개되었던 개념들을 보다 적극적으로 활용한다면 현실에서 일어날 법한 여행 딜레마들을 좀 더 효율적으로 해결할 수 있게 될 것이다. 여기에는 정답이나 오답이 없으므로 해답을 찾고자 머뭇거릴 필요가 없다. 제시된 사례를 비판적으로 분석하기 위해 제공된 프레임과 자신의 경험을 활용하도록 하자.

피터의 이야기

사업차 전 세계를 두루 여행하는 피터라는 이름의 친구가 있다고 상상하자. 최근 피터와 그의 아내는 즐거운 휴가를 위해 샌프란시스코로 여행을 갔다. 그들은 도시 중심부에 위치하여 모든 객실에서 도시 스카이라인의 아름다운 전망을 볼 수 있는 최고급 호텔에 머물렀다. 그 호텔은 세련된 로비와 멋진 바, 그리고 높은 평가를 받은 레스토랑을 갖추었다. 이 모든 점에도 불구하고, 피터는 당신에게 그곳에서의 경험이 특별히 인상적이지 않았으며, 그 호텔과 잘 맞지 않는 것 같았다고 말했다. 호텔의 모든 것이 너무나도 매끄럽고 차분하였다. 따라서 모든 것이 예측 가능하였고, 이로 인해 그는 이 호텔이 예전에 머물렀던 수많은 여타 고급 호텔과 똑같아 보였다. 그들이 머무른 객실의 인테리어는 흠잡을 데 없었으나 개성이 없어 보였다. 모든 직원은 정신없이 바빠 손님과 상호작용할 만한 여유가 없어 보였다. 또한 피터는 여행에서 그들이 한 것 중 어떤 것에도 빠져들지 못했다고 말했다. 개인적인 흥미를 자극할 만한 것을 발견하지 못했기 때문이다. 이 부부는 호텔 직원이 제공한 관광 홍보물에서 보았던 몇몇 유명 관광지만 방문하였다. 호텔 레스토랑에서의 서빙은 전반적으로 괜찮았으나, 다소 서두르는 듯한 느낌을 받았다. 동부 해안에서 출발한 길고 피곤한 비행 후 호텔에 도착했을 때 부부는 지쳐 있었으며, 호텔을 떠나는 마지막 날까지도 회복된 느낌보다는 피로를 느꼈다고 말했다.

이제 당신은 여행 컨설턴트로서 이 호텔에 고용되었다고 상상해보자. 당신의 주요 업무는 호텔 매니저가 고객에게 좀 더 특별한 경험을 선사하는 것을 돕는 것이다. 앞서 책에서 언급된 여러 가지 아이디어와 당신의 개인적인 경험을 모두 활용하여 피터 부부가 기억에 남는 경험을 하도록 호텔 매니저가 할 수 있는 일에 대하여 브레인스토밍 해보자. 호텔 직원이 평소 하는 업무와 관련하여 어떤 질문을 할 것인가? 이 부부에게 더 즐거운 시간을 선사하기 위해서 이들에 대해 어떤 정보를 알고 싶은가? 호텔 직원은 어떤 것을 바꾸려고 할 것인가? 피터가 말했던 호텔의 다소 차가운 분위기를 직원은 어떤 식으로 바꿀 수 있는가?

여타 호텔과 비교하여 경쟁력을 갖추었으며 방문자에게는 긍정적이며 기억에 남는 숙박 경험을 주는 호텔로 변화시킬 수 있는 방안을 제시해보자.

여행 후: 웰빙을 높여주는 방법

여행은 사랑하는 이들과의 추억을 쌓도록 당신을 일상 밖으로 끄집어낼 수 있는
새로운 경험이다.
                                                    - Brian Chesky

여기에서는 여행의 긍정적 효과를 높이고 오래 지속시키기 위해서 어떻게 여행 후 단계를 활용할 것인가에 대해 이야기한다. 여행에 대한 사전 기대와 마찬가지로, 여행 후 회상은 여행 경험에 대한 기쁨을 높일 수 있다. 이는 여행지를 방문한 지 한참이 지났더라도 여행 경험에 대한 기억은 우리 마음속에 남아 전체 여행 경험에서 얻은 기쁨의 주요 요소가 될 수 있기 때문이다(Fridgen 1984). 우리는 의미 있는 무언가에 대해 간직하고 떠올리고자 지나간 경험을 기억한다(Selstad 2007; Cary 2004; Pearce 2005). 추억에 대한 회상은 우리의 경험 속 기쁨을 확장하며 웰빙의 무한한 원천을 제공할 수 있다(Hammitt 1980).

이제 여행 경험에 대한 기억을 풍성하게 만들기 위해 우리가 무엇을 할 수 있는지, 그리고 여행 서비스 제공자들은 무엇을 도울 수 있는지에 대하여 좀 더 살펴보자. 다양한 관심사와 개인 성향을 반영하여 여행에 대한 회상을 자극하는 다양한 방법들에 대해 이야기할 것이다. 기념품의 힘, 이야기를 나누는 것이 낳는 즐거움, 대화를 통한 회상하기와 여행일지 쓰기를 통해 얻은 통찰, 새로운 방향으로 지식을 확장하고 심화하는 즐거움 등을 살펴보자.

15장

기념품을 활용하여
여행 회상 도와주기
: 도대체 이 작은 조개껍데기가
왜 이리 특별하게 느껴지는가

기억은 영혼의 기록이다.   — Aristotle

① 미리보기

　이 장은 긍정적인 여행 후 회상을 북돋는 기념품 활용에 대해 논의한다. 기념품은 우리가 방문했던 아름다운 장소들을 담은 사진들부터 우리가 들었던 좋아하는 음악 공연의 기록까지 다양하다. 겉으로 사소해 보이는 작은 기념품조차 특별히 기억에 남는 여행의 순간에 대한 회상을 촉진할 수 있다. 작은 기념품은 여행에 담긴 추억을 우리 마음속에 생생하게 간직할 수 있도록 돕는다. 여행 서비스 제공자가 여행자들이 기념품을 모으는 과정에서 도움을 줄 수 있는 방법도 탐색해본다.

② 기념품의 힘[the power of mementos]

　연구에 따르면 우리는 기억을 촉진하기 위해 모든 감각을 활용한다(Rettner 2010). 예를 들어, 여행 중 들었던 음악을 다시 듣거나, 맡았던 꽃이나 향신료의 향을 다시 맡게 되거나, 방문했던 아름다운 장소를 찍은 사진을 바라볼 수 있다. 이러한 감각적인 활동들은 사람들이 과거 여행을 긍정적으로 회상하고 여행 중 체험했던 특별한 순간을 재음미하도록 만든다(Stylianou-Lambert 2012). 물질적인 기념품이 중요한 역할을 할 수 있는 이유는 여행 경험이 마음속에 뚜렷하게 나타나는 기간이 길지 않기 때문이다. 기념품이 없었다면 빠르게 기억 속에서 사라질 것들이 기념품을 매개로 한 추억 회상 과정에서 생생하게 떠오를 수 있다(Mossberg 2007).

여행에 대한 추억을 떠올리기 위한 최고의 기념품은 가장 화려하거나 비싼 것이어야 한다고 생각할지도 모른다. 그러나 연구 결과에 따르면 크고 화려한 기념품보다는 특별한 사연이 있거나 여행에서 의미 있었던 조그마한 물건을 수집하는 것이 더 낫다(Weiss 2016). 예를 들어, 휴가 때 숲에서 인상에 남는 하이킹을 하면서 찾은 아름다운 솔방울을 수집하거나, 기념일에 로맨틱한 여행 중 해변에서 발견한 조개껍데기를 가져올 수 있다. 나중에 집에서 솔방울과 조개껍데기를 볼 때마다 이러한 특별한 순간은 회상을 통해 몇 번이고 다시 펼쳐질 수 있다.

 ### 3 특별한 선물로 회상의 불씨 지피기[helping to spark recollections: the unique gift]

물론 기념품의 형태는 매우 다양하다. 그리고 여행 서비스 제공자들은 다양한 기념품을 활용하여 고객들의 여행 회상을 도울 수 있다. 알다시피 우리가 기념품을 소중하게 다루는 것은 기념품의 객관적인 품질 때문이 아니라 그 안에 담긴 마음 때문이다. 예를 들어, 아름다운 장미 정원에 둘러싸인 어떤 작은 호텔에 머물렀다고 상상해보자. 마지막 날 숙박비를 지불할 때 장미 한 송이

가 영수증에 끼어 있을 수 있다. 장미 한 송이 그 자체의 경제적 가치는 그리 높지 않을 것이다. 그러나 장미에 담긴 섬세한 배려는 지극히 상투적인 결제 상황 속 상호작용 측면을 부각시킨다. 즉 장미는 결제 상황을 기억에 남는 소통의 순간으로 바꾸어 놓는다. 나중에 우리는 이 장미를 보면서 이 여행을 긍정적으로 추억하고, 호텔에서의 특별한 기억이 마음에 떠오를 수 있다. 겉으로 보기에는 사소한 것처럼 보이는 선물이 오래 기억에 남아 이 장소를 다시 방문하게 되는 결정적 요인으로 작용한다는 것이다.

　예상치 못한 선물과 기념품이 갖는 영향력과 관련하여 나는 다음과 같은 개인적인 경험을 하였다. 일전에 남편과 함께 작고 평범한 마을의 중심가에 위치한 모텔에 머무른 적이 있다. 그 마을에는 아이들이 종종 해변에서 사용하는 작은 고무 오리를 판매하는 선물가게도 있었다. 모텔에서 머무른 마지막 날에 우리는 화장실 욕조 왼쪽에 쪽지와 함께 놓여 있는 작은 오리 장난감을 발견하였다. 쪽지에는 "나를 가져가세요, 나의 사랑스러운 친구. 당신이 여기에 있었다는 것을 기억하고 곧 다시 올 수 있도록"이라고 쓰여 있었다. 그것을 거기에 둔 청소 도우미에게 감사하고자 복도로 나왔을 때, 그녀는 우리를 보고 어색하게 미소를 지었다. 우리는 그녀가 끌고 다니는 카트 안에 청소도구, 베개, 수건들과 함께 작은 오리들이 담긴 자루가 있는 것을 보았다. 우리는 그 오리 장난감을 가져왔으며, 그것은 여전히 우리 집 욕조 가장자리에 놓여 있다. 이러한 우습지만 기발한 행동 덕분에 오래전에 잊어버렸을지도 모르는 모텔에서의 숙박은 지금까지도 기억에 남는 일이 되었다.

그 후 우리는 그 모텔에 또다시 숙박하였고, 또 다른 고무 오리를 기쁜 마음으로 받았다. 같은 숙소를 재방문하는 것은 편안했다. 얼음 기계는 어디 있는지, 어메니티를 어디서 어떻게 얻을 수 있는지 등등 운영 방식에 대해 이미 다 알고 있었기 때문이다. 편안함은 그 독특한 선물을 또다시 받게 되었을 때 배로 늘어났다. 선물은 여전히 특별했고 무엇보다 우리를 미소 짓게 만들었다.

④ 장면 만들기[creating scenes]

여행 서비스 제공자들은 인상적인 선물을 주는 것 외에 다른 방식을 활용하여 고객들이 여행을 오래 추억하는 것에 도움을 줄 수 있다. 최근 많은 이들이 특별한 울림과 의미 있는 순간의 장면을 사진 찍거나 비디오로 촬영한다. 그리고 이를 인스타그램이나 페이스북과 같은 SNS에 올려 다른 사람들과 함께 의미 있는 순간을 공유하는 방식으로 여행을 기억하기 좋아한다. 여행 서비스 제공자들은 특별히 시선을 사로잡는 사진 찍기에 도움을 줄 수 있다(Digital Memories 2018). 예를 들어, 어느 레스토랑의 요리사는 손님들이 특별한 날 했던 식사 장면을 사진 찍고 SNS에 올리길 좋아한다는 것을 알아챈 이후, 음식의 맛에 신경을 쓸 뿐만 아니라 인스타그램에 올리기 적절하도록 음식을 예쁘게 만들 수 있다. 호텔 디자이너는 세련된 로비나 훌륭한 폭포수를 갖춘 내부 정원처럼 독특하고 아름다운 공간들을 만들어 고객들이 SNS에 공유할 만한 가치 있는 장면을 찾는 데 도움을 줄 수 있다(Instagram Best Practices 2020).

공유할 가치가 있는 장면들[share-worthy scenes]은 미학적인 아름다움보다 심리적으로 의미 있는 순간에 나타날 수 있다. 예를 들어 호텔 청소 도우미가 매일 턴다운 서비스2를 해 놓았거나 호텔 레스토랑에서 식사를 끝낸 후 웨이터가 생일 축하 노래를 불러주는 것과 같이 여행 중 놀라움이나 친절함을 경험했던 사건을 담은 사진을 올리기를 당신은 원할지도 모른다. 이런 게시물은 특별하고 개인적으로 만족스러웠던 장면의 기록이자 호텔이 제공한 특별한 서비스에 대한 홍보가 된다. 나중에 이 사진은 개인적인 여행 추억을 되살릴 뿐 아니라, 당신에게 허가를 받은 경우 해당 호텔 웹 사이트에 게시되어 게스트를 특별하고 사려 깊게 접대한다는 광고로 쓰일 수 있다(Hotels Finding Ways 2018).

이런 것은 사용자가 만들어낸 콘텐츠(user-generated content, UGC)의 사례이다. UGC는 전문적인 스태프가 다룬 콘텐츠와 대조적으로 다양한 여행 시설들을 사용하는 손님들이 생산해낸 것들이다. 연구에 따르면, 소비자들은 UGC가 제공하는 정보에 특별한 믿음을 보이는 경향을 보인다. 그들은 UGC가 특정 장소 및 식당에서의 경험에 대해 실제로 어떠한 느낌일지 정확하게 이야기한다고

---

2) '턴다운 서비스'란 투숙객의 편안한 잠자리를 위해 침구와 객실을 정리한 뒤 사용한 비품과 리넨을 교체하는 서비스로, 오전에 제공하는 객실 청소 외 오후나 취침 전 제공되는 소프트 정비 서비스다. (참고: https://www.mk.co.kr/news/culture/view/2020/02/203849/, https://en.wikipedia.org/wiki/Turndown_service)

받아들이기 때문이다(Morris 2019). 이러한 콘텐츠는 특별한 순간에 대한 기억을 각인시킬 뿐만 아니라, 여행 서비스의 특별함을 광고하는 강력한 마케팅 도구로 활용될 수 있다.

16장

여행 경험에 대한 이야기
공유 활동 도와주기
: 당신도 나와 같은 경험을 하였다

여행—그것은 당신이 할 말을 잃게 만들고, 이윽고 당신을 이야기꾼으로 변화시킨다.
— Ibn Battuta

1 미리보기

이번 장은 여행 경험 회상을 풍요롭게 하는 여행 이야기를 공유하는 것에 대하여 논의한다. 이야기하기는 우리가 경험한 것들의 의미를 새로운 관점에서 접근하도록 해주고 기억을 더 생생하게 살려준다. 이후 기억을 공유하는 대화[memory-sharing conversations] 촉진에 있어서 여행 서비스 제공자들이 협력할 수 있는 방법들에 대하여 탐색한다.

2 전해줄 이야기: 다른 이들과 연대 형성하기 및 통찰 얻기[stories to tell: forming bonds with others and gaining insights]

여행에 대해 이야기를 나누는 것은 다양한 긍정적 효과를 낳는다. 이러한 효과는 특히 여행을 함께 갔던 사람들과 공유하는 과정에서 두드러진다. 여러 학자들이 언급한 것처럼 우리의 여행 이야기는 사실 다양한 여러 이야기의 집합체이다(Skinner and Theodossopoulos 2011). 여행 이야기는 세 가지를 포함한다. 첫째, 우리가 처음에 상상했던 여행, 둘째, 실제 겪었던 여행, 셋째, 이후 우리가 재구성한 여행이다(Sutton 1992). 여행을 함께 다녀왔던 사람과의 대화는 여행 경험을 재구성할 때 가장 도움이 된다. 서로가 만든 기록과 생각을 비교하는 과정에서 혼자서는 지나쳤을 수도 있는 의미 있는 주제들을 확인할 수 있기 때문이다(Kumar and Gilovich 2015). 또한, 다른 사람과의 이야기 공유는 여행 회상을 보다 생생하고 다채롭게 만든다(Walker, Skowronski and Thompson 2003). 이야기 공유를 통해 여행자는 잊고 있던 기억을 다시 떠올릴 수 있으며, 이러한 활동은 여행에 대한 이야기를 발전시키는 데 도움을 준다. 이를 통해 과거 체험을 좀 더 포괄적이고 섬세하게 되살린 여행에 대한 회상이 가능하다(Bryant, Chadwick and Kluwe 2011).

예를 들어, 비슷한 여행 경험이 있는 친구와 이야기를 나누기 전까지는 독일에서 오후 티타임3에 맛본 커피와 케이크는 어땠는지, 혹은 애리조나 사막의 석양 아래 바위는 어떠한 색이었는지 잊고 있었을 수도 있다. 그러나 다른 사람의 묘사를 들으면서 그들의 눈을 통하여 우리의 경험을 들여다보게 된다. 이것은 우리의 기억의 생생함을 높여준다.

③ 스토리텔링 촉진하기[facilitating storytelling]

여행 일화 말하기는 여행이 우리에게 의미하는 바를 새로운 관점에서 재구현하는 데 도움이 된다. 이야기를 통해 회상하는 단순한 방법은 기억에만 의존하여 마음속에 여행 경험을 되살리는 것이다. 다른 좋은 방법은 함께 여행했던 사람들과 여행을 마치고

---

3) 독일에는 kaffe und kuchen이라는 전통차 문화가 있다. 이는 오후에 커피와 다과를 두고 지인과 한두 시간 정도 시간을 보내는 사교활동을 일컫는다.

돌아온 후에도 교류하는 것이다. 여행 서비스 제공자들은 이러한 재회 과정에 도움을 줄 수 있다.

여행 서비스 제공자들은 여행 후 시간이 상당히 흐른 시점에서 과거 여행 참여자들을 온라인 토론 포럼과 같은 곳에 초대할 수 있다. 초대된 사람들은 사파리 체험을 위해 가이드 동반 여행을 함께 떠났던 다른 여행자들과 온라인 공간에서 다시 만날 수 있다. 온라인 포럼에 참여하면서 그들 스스로가 여행에 대한 추억을 떠올릴지도 모른다. 혹은 여행 서비스 제공자가 묘사해주는 여행지에서 일어났던 일들을 들으면서, 참여자들의 여행에 대한 기억이 깨어날 수도 있다(Digital Memories 2018).

덧붙여서, 여행자의 이야기 공유는 물질적 보상을 받을 수 있다. 예를 들어, 특정 호텔의 웹 사이트에서 그 호텔에 머무르면서 겪었던 여행 경험담을 공유하면 호텔로부터 일종의 포인트를 받을 수 있을지도 모른다. 혹은 여행 체험기를 올린 고객들 중 채택된 사람들에게 재방문 시 다양한 유형의 어메니티를 제공할지도 모른다. 이러한 웹 사이트 운영 방식은 여행자 스스로가 여행에 대해 회상하고 되새기는 기회를 제공하는 것 이상의 역할을 한다. 웹 사이트에 공유된 이야기들은 고객들이 어떠한 종류의 만남을 가장 인상적으로 여기고, 어떠한 종류의 상황과 경험을 최고 혹은 최저로 평가하는지에 대한 정보를 서비스 제공자에게 알려준다.

이와 관련된 사례로, 우리 부부가 연구보조금을 받으면서 남아시아에서 1년 동안 지낸 시간이 떠올랐다. 목적지로 출발 전, 해당 프로그램에 참여하는 모든 사람들에게 남아시아에 대해 알려주는 특별 오리엔테이션이 있었다. 이후 연구자들과 재단 직원들은 연구년 동안 정기적으로 모여 진행 상황을 점검했다. 그 모임은 서로 경험했던 이야기를 나누면서 웃음꽃이 피는 순간들로 채워졌다. 우리는 서로의 이야기를 공유하면서 다른 연구자들 및 프로그램 담당자와 정서적으로 더 가까워지고 있다는 것을 느낄 수 있었다. 우리들은 공통된 지식과 이해를 얻을 수 있었고, 같은 마음을 지닌 하나의 모험가 집단이 되었다. 연대는 오래도록 간직되는 추억과 깊은 정서적 교류를 낳는다.

17장

여행자의 일지 쓰는 활동 촉진하기
: 항상 일기와 함께 여행한다

나는 결코 일기장 없이 여행하지 않는다. 사람은 기차에서 읽을 감각적인 무언가를
항상 지녀야 한다.
　　　　　　　　　　　　　　　　　　　　　　　　　　　　　　　　- Oscar Wilde

① 미리보기

이 장은 우리의 여행 경험에 대한 회상을 촉진할 수 있는 여행일지 쓰기에 대해 논의한다. 여행일지 쓰기는 손으로 일기장에 써 내려가는 방식부터 브이로그(비디오 블로그)나 다른 다양한 기록 방식을 활용하는 것까지 다양하다. 여행일지 쓰기는 여행 중 인상 깊었던 것들에 대하여 지속적으로 기록하는 것이기에 이후 여행에 대한 회상을 촉진하는 데 매우 효과적이다. 여행자가 여행 서비스 제공자와 다양한 방식으로 협력할 수 있는 분야이기도 하다.

② 여행일지 쓰기의 힘[the power of journaling]

많은 사람들은 자신의 여행 경험을 잊지 않기 위해서 여행 중 보았던 것과 체험했던 것들을 다큐멘터리(객관적으로 일어난 사실 기록)나 일기로 남기길 좋아한다. 사진은 하나의 단편적인 순간만 포착할 수 있지만, 일지 쓰기[journaling]는 여행에서 마주했던 것들을 지속적으로 반영한 이야기 구성이 가능하다. 여행 현장에서는 일지 쓰기를 통해 신선하고 정제되지 않은 우리의 반응을 포착할 수 있다(Levine 2018). 여행 후에는 일지에 쓰여진 것들을 보면서 여행을 되돌아보고, 여행 경험에 대한 새로운 통찰을 얻을 수 있다(Levine 2018).

여행 저널은 특히 여행에 담긴 추억을 불러일으킨다는 점에서 흥미롭다. 이는 우리에게 당시 경험이 마치 현재 발생하고 있는 것처럼 생생하게 되살릴 기회를 주기 때문이다. 자신이 쓴 일지나 브이로그를 다시 보면서 자신이 현재 시점에서 추측하는 여행지에 대한 첫인상이 실제 받은 첫인상과 다른 것에 놀랄 수 있다 (Doherty 2018). 예를 들어, 뉴욕 타임스퀘어에 대한 첫인상은 그곳의 사람들이 약간 별나다는 것이었고, 나이아가라 폭포에서는 폭포가 주는 시각적 아름다움이 아닌 바위에서 나와 폭포의 하단부를 때리는 물소리의 엄청난 위세가 가장 인상 깊었을지도 모른다.

또한, 저널을 다시 보는 것은 특정 대상에 대해 여행자가 지녔던 인상이 여행 기간 중 바뀌었는지, 그리고 바뀌었다면 어떻게 바뀌었는지에 대해서도 알려준다. 예를 들어, 여행 첫날에는 뉴욕이라는 도시에 매우 압도되었다고 기록하였지만, 마지막 날에는 뉴욕에 있는 것이 훨씬 편안해졌다고 기록했을 수도 있다. 크루즈 여행이 시작할 시점에는 다소 슬픔과 외로움을 느꼈지만, 크루즈 여행이 끝날 시점에는 행복과 활기참을 느꼈을 수도 있다. 혹은 여행 초기에는 자신과 다른 문화권에 속하는 지역민들을 조금 게으르게 보았으나 이후 그들에 대해 조금씩 더 알게 되면서 이러한 시선을 거두었다는 사실을 일지를 보기 전까지 잊고 있었을지도 모른다. 일지 쓰기는 우리가 보았던 것과 했던 것을 사실적으로 기록하는 수단이 된다(Carpenter 2001). 동시에 이것은 우리의 여행에 대한 인상이 새로운 경험에 반응하고 행동하면서 지속적으로 발전할 수 있다는 점에 대한 이해를 도와준다(Carpenter 2001).

여행 중 지속적인 기록 행위는 또 다른 장점을 지닌다. 실용적이고 바쁘게만 움직이느라 놓치고 있었던 여행에 대한 더 큰 그림을 볼 수 있도록 돕는다는 점이다(Barth 2018). 즉, 일지 쓰기를 통해 여행 경험을 다양한 관점에서 심도 있게 고찰하는 것이 가능하고, 이를 통해 여행에서 얻은 즐거움은 한층 깊어질 수 있다.

여행에 대한 기록은 그 자체로 환경에 대한 여행자의 주의성 [attentiveness]을 높일 수 있다(Amabile and Kramer 2011). 우리는 지식을 얻고자 여행에 대한 인상을 이후 글이나 말로 기록하게 된다. 이러한 과정에서 주어진 환경 및 체험의 순간에 더욱 조심스럽게 접근하고, 그 의미와 패턴을 포착하려 노력한다. 또한, 일지 쓰기는 향후 여행에 있어서 조금 더 경험하고 싶거나 혹은 경험하고 싶지 않은 것을 결정하는 데 있어서 도움이 된다.

③ 여행일지 쓰기 독려하기[facilitating journaling]

여행 경험을 기록하거나 다른 방식으로 이야기하는 것은 많은 장점을 지닌다. 따라서, 기록하기와 이야기 나누기는 장려되어야 한다. 특히, 여행산업 종사자들은 이 활동을 촉진시킬 수 있다. 오늘날에는 수첩부터 스마트폰과 아이패드에 이르기까지 기록을 위한 다양한 도구들이 있기에 여행에 대한 인상을 남기는 것은 그리 어렵지 않다. 그러나 기억에 남고, 재미있으며, 창의적인 방식으로 기록을 남기는 것은 어렵다. 이러한 부분에 대해 여행 서비스 제공자들이 도움을 줄 수 있다.

우선, 서비스 제공자들은 여행지에 대한 풍부한 배경 정보를 전달함으로써 여행자가 여행 중 목격하는 대상에 대한 이해를 높여줄 수 있다. 몇 가지 예를 들어보자. 지질학적인 가치가 높은 관광지에서 가이드가 바위를 가리키며 지상에서 멸종된 동물이 화석이 되는 데 10억 년 이상의 시간이 걸린다는 정보를 여행자들에게 알려주는 것은 사람들이 그 바위의 특별한 점을 감상하는 데 도움을 줄 수 있다. 음악 콘서트가 시작되기 전에 연주자와 무대 뒤 만남을 주선할 수 있다. 특별 만찬 같은 행사를 위해 식사를 준비할 셰프와 미리 인사할 기회를 줄지도 모른다. 이러한 모든 것들이 경험의 의미에 대한 성찰을 풍요롭게 할 수 있다.

학습을 통해 우리는 여행 환경에 대해 보다 민감한 관찰자가 될 수 있다. 예를 들어, 아름다운 숲속 산책을 가기 전에 다양한 새들의 울음소리를 구별하는 법과 꽃향기를 구별하는 법에 대한 설명을 들을 수 있다. 해변을 산책하려는 사람에게는 근처 모래사장에서 자주 발견되는 작은 조개의 종류를 알려주거나 밀물 때인지 썰물 때인지 알아볼 수 있는 방법에 대해 알려줄 수 있다. 이러한 학습은 우리를 둘러싸고 있는 것들에 대해 깊이 수용하는 [mindfully receptive] 능력을 높인다. 높아진 수용력은 섬세하고 통찰력 있는 경험에 대한 이야기를 만들어가는 능력을 향상시킬 것이다. 이야기는 우리 마음에 오랫동안 머무르면서 우리가 이야기에서 나왔던 장소에 다시 가보고 싶도록 만든다.

여행에서 얻은 지식의
전문화 촉진하기

: 이제야 겨우 조금씩 알아가고 있다.

모퉁이를 돌면 아직도 새로운 길이나 비밀의 문이 기다리고 있을지도 모른다.
— J.R.R. Tolkien

1 미리보기

이 장에서는 여행에서 돌아온 후 여행이 선사하는 새로운 관점에서 지적인 탐색을 확장할 수 있는 기회에 대해 논의하도록 한다. 또한, 여행 서비스 제공자들이 지식 추구 과정에서 여행자를 도울 수 있는 방안도 탐색해보았다. 이 장의 핵심은 여행에서 얻은 보상은 여행의 끝과 함께 멈추는 것이 아니라 오랫동안 지속될 수 있다는 것이다.

2 배움과 탐색 계속하기[continuing to learn and explore]

여행은 새로운 시선을 통해 세상을 학습할 수 있는 기회이다. 여행자는 현지 경험을 바탕으로 여행지에서 돌아온 후에도 탐구를 계속 해나갈 수 있다(Davidson-Hunt and Berkes 2003; Pearce and Foster 2007). 즉, 지식 확장은 여행자가 여행에서 얻은 즐거움을 늘려주며, 여행자에게 새롭고 흥미로운 탐구 방향을 제시할 수 있다. 이것과 관련된 사례로 아래의 이야기를 읽어보자.

미국 서부 여행 중 동굴 방문을 계기로 당신에게 동굴 탐구라는 새로운 취미가 생겼다고 상상해보자. 새로운 취미활동을 시작하면서 당신은 동굴과 관련된 책들을 많이 읽게 되었다. 독서를 통해 동굴 속 다양한 종류의 바위가 만들어지는 것에 대한 경이로움을 감상하는 법을 알게 되었다. 또한 동굴 특별전이 열리는 자연사 박물관들을 방문하여 동굴에서 발견된 동물의 생애 및 화석의 종류에 대해 배웠다. 그리고 초기 인류가 그렸던 동굴 벽화에 대해 알게 된 후 동굴 탐구에 더욱 매력을 느꼈다. 모든 지식 습득 과정을 통해 당신은 동굴에 대해 새롭고 보다 다듬어진 생각의 틀을 갖게 되었다. 이전에 보았던 것을 더욱 세심하게 감상할 수 있을지 확인하고픈 마음은 당신에게 처음 탐색했던 동굴 및 주변 다른 동굴들을 방문하는 동력이 되었다. 특정 여행에서 얻은 사소한 경험이 열정적 취미로 피어난 것이다.

위 이야기의 요점은 여행 경험과 관련된 다양한 배움을 새롭게 시도하면서 여행의 효과는 지속된다는 것이다. 이러한 과정에서 여행 서비스 제공자들은 일상으로 복귀 후에도 지속되는 여행자들이 활용 가능한 정보를 제공함으로써 도움을 줄 수 있다. 예를 들어, 여행 서비스 제공자들은 방문했던 여행지와 관련된 다양한 주제의 도서, 영화 또는 다큐멘터리 목록이 있는 웹 사이트 주소를 알려줄 수 있다. 또한, 현지 전문가에 대한 정보를 알려주거나 비슷한 관심을 지닌 다른 여행자에게 연락하는 방법을 알려줄 수 있다. 이러한 것들은 여행자가 그들의 탐구 영역을 확장시킬 수 있는 기회를 제공한다. 이와 더불어, 주제에 관한 탐구를 심화하는 과정에서 여행자에게 최초로 흥미로워 보였던 곳을 재방문하도록 자극할 수 있다.

여행을 마치고 집으로 돌아온 것이 끝맺음만을 의미하지 않는다. 이는 새로운 시작에 대한 기회일 수 있다. 여행은 우리를 변화시키며 우리가 다른 관점으로 세상을 바라보는 데 도움을 준다. 그리고 여행 서비스 제공자는 이러한 성장 과정의 발판이 되어줄 수 있다. 이와 같은 방식으로 형성된 여행자와 여행산업 종사자들 간에 관계는 여행의 끝남과 동시에 마무리되는 것이 아니다. 여행자의 새로운 지식과 경험을 추구 시간이 지속됨에 따라 계속해서 발전하고 깊어질 수 있다(Noy 2004).

③ 지속되는 순간[the enduring moment]

앞서 언급한 모든 사례들은 여행 경험이 우리 삶에 어떻게 풍요로움과 신선함을 가미하는지 서술하고 있다. 이는 최상의 여행 경험이 우리에게 선사할 수 있는 것들을 보여준다. 우리가 일상으로 돌아간 후에도 여행과 관련된 활동을 계속할 때 여행 경험은 꽤 오래 지속되는 경향이 있다. 이는 우리에게 큰 이점을 선사한다. 풍부한 경험을 통해 생성된 즐거움은 기억이 생생한 상태에서만 유지되는 것이 아니며, 시간이 지남에 따라 점점 더 깊어지기 때문이다(Trope and Liberman 2003).

개인적인 예로, 내가 어렸을 때 부모님이 들려주신 파나마 공국에 관한 이야기를 아직도 생생히 기억한다. 부모님 두 분 모두 제2차 세계대전 당시 파나마 군대에서 근무하셨고, 그곳에서 만나 결혼하셨다. 이후에도 두 분은 평생 파나마와 관련된 모든 것들에 대해 지속적인 관심을 가지셨다. 파나마와의 직접적인 관계는 이미 오래전에 사라졌지만 두 분은 파나마에 대해 계속 학습하셨다. 이러한 부모님의 관심은 나에게도 영향을 끼쳤다. 부모님이 그 당시 파마나에서 겼었던 경험에 관해 이야기하고 기념품을 보여줄 때마다 부모님의 모험은 점점 더 놀랍고 환상적으로 들렸다. 이는 나의 흥미를 끌었다. "자, 네 엄마랑 내가 파나마에 있었을 때 말이다"라는 말을 듣는 순간, 나는 곧 신비한 이야기를 들으면서 놀라운 기념품들을 보게 되리라는 것을 알아채곤 했다.

나의 아버지에게 깊은 인상을 남긴 것은 파나마에서의 경험 그 자체만이 아니었다. 오히려 그는 고향으로 돌아온 이후 파나마에 대한 지식을 계속 습득하는 것에서 기쁨을 얻었으며, 파나마의 추억을 회상하는 것으로 그의 웰빙과 만족은 높아졌다(Carter and Gilovich 2010). 이것이 바로 오래도록 지속될 수 있는 여행의 선물이다.

지금까지 여행 후 기억과 회상에 대한 향상을 목적으로 어떻게 다양한 관련 기법들을 활용할 수 있는지에 대해 알아보았다. 이제 이 책의 3부에서 소개된 아이디어들을 가상의 사례에 적용해보자. 이러한 활동을 통해 이 책에서 다룬 개념들을 보다 적극적으로 활용하는 것이 가능하며, 현실에서 일어날 수 있는 여행 딜레마의 해결을 위해 개념들을 보다 효율적으로 통합하는 것이 가능하다. 사례를 비판적으로 분석하기 위해 당신의 개인적 경험과 앞에서 설명했던 프레임을 이용하라. 이번 사례는 스키 휴가에 대한 것이다.

스키 휴가[your ski vacation]

오스트리아에 있는 스키 리조트로 일주일간 여행을 했다고 상상해보자. 당신은 이전에 스키를 타 본 적이 없기에 초보자를 위한 스키 강좌를 다른 다섯 명의 손님들과 함께 수강했다. 강좌를 통해 스키를 엄청나게 잘 탈 수 있게 된 것은 아니었지만 매우 재미있게 수강하였다. 스키장에는 한 술집이 있었는

데, 거기에서는 뛰어난 포크송 가수인 호텔 주인의 주도하에 모든 손님이 난롯가에 모여 앉아 노래를 부르는 행사를 매일 열었다. 당신은 이 활동에 매번 참가했으며, 여행 전반에 걸쳐 매우 좋은 시간을 보냈다. 음식은 환상적이었고 다른 이들과의 대화는 활기가 넘쳤다. 당신은 집에 돌아오고 나서도 이 특별한 휴가에 관한 기억들을 즐기고 싶다.

3부에서 제공된 정보와 여행자 혹은 여행 전문가로서의 과거 경험을 바탕으로 위의 특별한 휴가 기억을 새롭게 발전시키기 위해 활용 가능한 모든 것들에 대해 브레인스토밍 해보자. 어떠한 특정 전략을 사용할 것인가? 경험의 신선함을 간직하기 위해 무엇을 하고 어떠한 것을 간직할 수 있을까? 여행지에서 만나게 되는 스키 리조트 매니저 및 여타 여행 산업 종사자들은 어떻게 도움을 줄 수 있을까? 이에 대해 논의하고, 가능한 구체적으로 답변하여라. 한 번 더 강조하자면, 여기에 오답과 정답은 없다.

마무리

여행한다는 것은 산다는 것이다 — Hans Christian Andersen

완벽한 여행에 대한 막연한 욕망으로부터 출발한 이 이야기의 끝을 맺고자 한다. 미래에는 우리가 하는 여행의 구체적인 방법과 스타일에 변화가 있을 수도 있다. 그러나 아마도 세상을 탐험하고자 하는 우리의 욕망은 결코 사라지지 않을 것이다. 그리고 잘 마무리된 여행은 여행자의 삶을 긍정적으로 변화시키는 힘이 있음을 우리는 알고 있다.

그러나 소위 말하는 완벽한 여행을 추구한다는 것이 여행을 잘한다는 의미일까? 거창한 여정, 일등석 비행기 티켓, 혹은 가장 아름다운 숙박시설 등의 결과물로서 좋은 여행이 나타나는 것은 아니다. 지금까지 살펴본 것과 같이, 여행의 만족감을 극대화하는 것은 여행 환경이 어떠한가가 아니라 여행에서 무엇을 하고 어떻게 대처하는가가 더욱 관련 있다. 여행의 즐거움과 만족의 증가는 여행 환경에 뛰어들 준비와 앞으로 마주치게 될 경험에 대해 열려있는 자세에서 나온다. 여행 서비스 제공자들은 여행자들이 이러한 마음가짐들과 태도를 갖추는 데 도움을 줄 수 있다.

이러한 것들을 바탕으로 개인의 삶에서 성공적인 여행에 대해 생각해볼 수 있다. 어떠한 요소가 성공적인 여행이 되는 데 두드러지게 도움이 되었는가? 여행 플래너의 도움으로 적절한 속도로 여행 일정을 소화했고, 그 덕분에 여행 중에 활력과 에너지를 느꼈던 적이 있었는가? 또한, 여행 중에 몰두할 수 있는 흥미로운 활동을 찾고 피로를 완전히 회복할 수 있었는가? 개인의 개성과 스타일에 적합하고 최적화된 여행 환경을 제공받았으며, 이를 통해 여행 환경과 동화되었음을 느낄 수 있었는가?

이러한 질문들에 바탕을 둔다면, 여행의 결과보다는 여행의 과정에, 그리고 여행의 물리적 환경 그 자체보다는 여행자와 환경의 상호작용에 더 초점을 두면서 여행 경험을 평가하게 된다. 이미 이 책을 통하여 충분히 이야기했듯이, 사소한 기쁨의 순간과 여행 환경에 대한 여행자의 수용성은 성공적 여행이었는지를 최종적으로 판가름하는 가장 중요한 요소들이다.

살짝 다른 관점에서 고찰해보기 위하여 침대에 한 아기가 누워 있고, 아기의 친척들이 침대에 매달 새 모빌을 가져오는 상황을 상상해보자. 그 모빌에서는 음악이 흘러나오고, 모빌에 붙어 있는 다양한 모양의 조각들은 빛을 내며 움직이고 있다. 아기는 새 모빌을 보며 미소 짓고 기쁨에 팔을 휘저을 수도 있다. 졸리거나 배고프거나 혹은 짜증이 난 상황이라면, 모빌을 무시하거나 성가시다고 느낄 수도 있다. 혹은 처음에는 모빌을 좋아하다가, 이것이 머리 위에서 몇 시간이고 끊임없이 꼬이고 도는 것을 보면서 지루해질 수 있다. 혹은 반짝거리는 것보다는 복슬복슬한 것을 더 좋아하는 아기였기에 처음부터 그 모빌을 싫어했을 수도 있다.

그래서 만약 이 모빌이 완벽한 모빌이었는지 물어본다면 적절한 답을 찾기는 어렵다. 그러나 특정 순간과 특정 환경에서는 어떠한 유형의 아이들에게는 그 모빌이 적합하다고 확실하게 말할 수 있다. 분명 아기가 지닌 취향과 선호를 친척들이 더 많이 알수록, 그리고 그들이 아기의 심리적 성향과 현재 상황에 좀 더 주의를 기울일수록, 그 모빌은 성공적으로 선택된 장난감이 될 것이다.

우리가 여행할 때 겪는 것은 장난감 모빌을 가진 아기의 상황과 여러 면에서 비교된다. 아기와 비슷하게 우리는 세상이 우리에게 주는 놀라움을 보고, 감상하고, 맛보는 법을 배운다. 아기의 친척들처럼 서비스 제공자들은 고객의 요구와 선호, 현재 성향, 때로는 주변 환경에 대해 지루해지는 것 등에 대해 민감해져야 한다.

그러므로 성공적인 여행을 창조하는 것은 여행자와 여행산업 종사자들 모두에게 도전과 기회가 된다. 우리의 기억 속에 오래 남는 것은 즉흥적으로 발생하는 순간, 사소한 몸짓, 예상치 못했던 배려심을 담은 행동들이다. 여행 상황의 모든 것들이 딱 알맞다고 느낄 때 우리는 깨어나게 되고 생동감을 얻게 된다. 이러한 딱 알맞음에 이르렀을 때, 여행은 진정으로 즐겁게 음미할 수 있는 경험으로 변한다. 이것이 바로 여행을 시작할 때 마음에 지녔던 완벽한 여행이다.

참고문헌

Adams, R.L. 2016. "Top Travel Websites for Planning Your Next Adventure." *Forbes*, March 29, 2016.

Adler, H., and S. Gordon. 2013. "An Analysis of the Changing Roles of Hotel Concierges." *Journal of Tourism and Hospitality Management* 1, no. 2, pp. 53–66.

Allen. Summer. 2018. "The Science of Awe." A White Paper Prepared for the John Templeton Foundation by the Greater Good Science Center at U.C. Berkeley. Amabile, T., and S. Kramer. 2011. "Four Reasons to Keep a Work Diary." http://hbr.org/2011/04/four-reasons-to-keep-a-work-diary

Andersen, V., R. Prentice, and K. Watanabe. 2000. "Journeys for Experiences: Japanese Independent Travellers in Scotland." *Journal of Travel and Tourism Marketing* 9, pp. 129–151.

Ariely, D., E. Kamenica, and D. Prelac. 2008. "Man's Search for Meaning: The Case of Lagos." *Journal of Economic Behavior and Organization* 67, nos. 2–4, pp. 671–677.

Bare. S.K., and D. Bare. 2017. Before You Go Abroad Handbook: Over 127 *Secret Tips and Tools for International Travel, Book 1*. Scotts Valley, CA: Create Space Independent Publishing.

Barth, F.D. 2018. "Keeping a Journal Can Be Good for Your Emotional Health." http://psychologytoday.com/us/blog/the.couch/201805/keeping-journal-can-be-good-your-emotional-health

Baskerville, K., K. Johnson, E. Monk-Turner, Q. Slone, H. Standley, S. Stansbury, M. Williams, and Y. Young. 2000. "Reactions to Random Acts of Kindness." *The Social Science Journal* 37, no. 2, pp. 293-398.

Bickenbach, J. 2017. "WHO's Definition of Health: Philosophical Analysis." In *Handbook of the Philosophy of Medicine*, eds. T. Schramme and S. Edwards, 961-974. New York, NY: Springer.

Boothby, E., M.S. Clark, and J. Bargh. 2014. "Shared Experiences are Amplified." *Psychological Science* 25, no. 12, pp. 2209-2216.

Bowen, D., and J. Clarke. 2009. *Contemporary Tourist Behavior: Yourself and Others as Tourists*. Wallingford, ENG: CABI Publications.

Bryant, F., and J. Veroff. 2007. *Savoring: A New Model of Positive Experience*. Mahwah, NJ: Lawrence Erlbaum Associates, Inc.

Bryant, F.B., E. Chadwick, and K. Kluwe. 2011. "Understanding the Processes that Regulate Positive Emotional Experience: Unsolved Problems and Future Directions for Theory and Research on Savoring." *International Journal of Wellbeing* 1, no. 1, pp. 107-126.

Burt, J.J. 1994. "Identity Primes Produce Facilitation in a Colour Naming Task." *Quarterly Journal of Experimental Psychology* 47A, pp. 957-1000.

Cacioppo, J.T., and R.E. Petty. 1982. "The Need for Cognition." *Journal of Personality and Social Psychology* 42, no. 1, pp. 116-131.

Cantril, H., and G.W. Allport. 1933. "Recent Applications of the Study of Values." *Journal of Abnormal and Social Psychology*

28, no. 3, pp. 259–273.

Caprariello, P.A., and H.T. Reis. 2013. "To Do, To Have or To Share? Valuing Experiences Over Material Possessions Depends on the Involvement of Others." *Journal of Personality and Social Psychology* 104, no. 2, pp. 199–215.

Carpenter, S. 2001. "A New Reason for Keeping a Diary." *American Psychological Society Monitor* 32, no. 8, p. 68.

Carter, T.J., and T. Gilovich. 2010. "The Relative Relativity of Experiential and Material Purchases." *Journal of Personality and Social Psychology* 98, no. 1, pp. 146–159.

Carter, T.J., and T. Gilovich. 2012. "I Am What I Do Not What I Have: The Differential Centrality of Experimental and Material Purchases to the Self." *Journal of Personality and Social Psychology* 102, no. 6, pp. 1304–1317.

Cary, S.H. 2004. "The Tourist Moment." *Annals of Tourism Research* 31, no. 1, pp. 61–77.

Cassidy, S. 2004. "Learning Styles: An Overview of Theories and Models and Measures." *Educational Psychology* 24, no. 4, pp. 419–444.

Cheek, N., and B. Schwartz. 2016. "On the Meaning and Measurement of Maximization." *Judgment and Decision Making* 11, no. 2, pp. 126–146.

Chen, Y., B. Mak, and B. McKercher. 2011. "What Drives People to Travel: Integrating the Tourist Motivation Paradigms." *Journal of China Tourism Research* 7, no. 2, pp. 120–136.

Chiasson, G. 2010. "Digital Photo Frames Enhance Hotel Guest

Experience." http://dailydooh.com/archives/23833

Coleman, J. 1988. "Social Capital in the Creation of Human Capital." *American Journal of Sociology* 94, pp. 95-120.

Collins. R.L. 1996. "For Better or Worse: The Impact of Upward Social Comparisons on Self-Evaluations." *Psychological Bulletin* 119, no. 1, pp. 51-69.

Costa, P.T., and R.R. McCrae. 1988. "From Catalog to Classification: Murray's Needs and the Five-Factor Model of Personality." *Journal of Personality and Social Psychology* 35, no. 2, pp. 258-265.

Crompton, J. 1979. "Motivations for Pleasure Travel." *Annals of Tourism Research* 6, no. 4, pp. 408-424.

Cruz-Milan. O. 2018. "Plog's Model of Personality-Based Psychographic Traits in Tourism: A Review of Empirical Research." In *Tourist Planning and Destination Marketing*, ed. M.A. Camilleri, pp. 49-74. Somerville, MA: Emerald Publication.

Csikszentmihalyi, M. 1990. *Flow: The Psychology of Optimal Experience.* New York, NY: Harper & Row.

Csikszentmihalyi, M., and J. Coffey. 2016. "Why Do We Travel: A Positive Psychological Model for Travel Motivation." In *Positive Tourism (Routledge Advances in Tourism)*, eds. S. Filep, J. Laing, and M. Csikszentmihaly, pp. 2994-3004. London, UK: Routledge.

CSPonline. 2016. "Communication Strategies for Great Leadership." http://online.csp.edu/blog/business/communication-strategies-for-great-leadership/

Dann, G.M. 1981. "Tourist Motivation: An Appraisal." *Annals of Tourism*

Research 8, no. 2, pp. 187–219.

Davidson-Hunt, I., and F. Berkes. 2003. "Learning as You Journey: Anishinaabe Perception of Social-Ecological Environments and Adaptive Learning." Conservation Ecology 8, no. 1, p. 5.

Delle Fave, A., I. Brdar, T. Freire, D. Vella-Brodrick, and M. Wissing. 2011. "The Eudamonic and Hedonic Components of Happiness: Qualitative and Quantitative Findings." Social Indicators Research 100, no. 2, pp. 185–207.

Desforges, L. 2000. "Traveling the World: Identity and Travel Biography." Annals of Tourism Research 27, no. 4, pp. 926–945.

Diener, E., and M. Seligman. 2002. "Very Happy People." Psychological Science 13, no. 1, pp. 81–84.

Diener, E., R.L. Larsen, and R.A. Emmons. 1984. "Person-Situation Interaction: Choices of Situation and Congruence Response Models." Journal of Personality and Social Psychology 47, no. 3, pp. 580–592.

DiPirro, D. 2013. "Anticipation: How to Make the Most of Expectation." http://positivelypresent.com/2013/05/anticipation.html

"Digital Memories: Travel Trends in the Age of Social Media." 2018. http://storyful.com/wp-content/uploads/2019/12/Storyful-White-Paper-Travel-September-2018.pdf

Do, A.M., A.V. Rupert, and G. Wolford. 2008. "Evaluation of Pleasurable Experiences: The Peak-End Rule." Psychonomic Bulletin and Review 15. no. 1, pp. 96–98.

Doherty, D. 2018. "The Guide to Becoming a Vlogger in 2020." https://engagelive.co/guide-becoming-vlogger-2018/

Dube, L., and J.L. Le Bel. 2001. "A Differential View of Pleasure: Review of the Literature and Research Propositions." In *European Advances in Consumer Research Volume 5*, eds. A. Groeppel-Klein and F.R. Esch, pp. 222-226. Provo, UT: Association for Consumer Research.

Dunn, E., and M. Norton. 2014. *Happy Money: The Science of Smarter Spending.* New York, NY. Simon Schuster.

Elkins, D.N. 2001. "Reflections on Mystery and Awe." *The Psychotherapy Patient* 11, no. 3-4, pp. 163-168.

Festinger, L. 1954. "A Theory of Social Comparison Processes." *Human Relations* 7, no. 2, pp. 117-140.

Filep, S., J. Laing, and M. Csikszentmihalyi, eds. 2016. *Positive Tourism (Routledge. Advances in Tourism Book 38).* Abingdon, UK: Routledge.

Filep, S., J. Macnaughton, and T. Glover. 2017. "Tourism and Gratitude: Valuing Acts of Kindness." *Annals of Tourism Research* 66, pp. 26-36.

Filep. S., and P. Pearce, eds. 2014. *Tourist Experiences and Fulfillment: Insights from Positive Psychology.* Abingdon, UK: Routledge.

Fletcher, J. 2020. "10 Tips for Getting Over Jet Lag." http://medicalnewstoday.com/articles/how-to-get-over-jet-lag

Fox, A. 2019. "Travelers Will Spend 60% More Money This Year on Holidays Than Last Year According to Trivago." http://fox10tv.com/video_magazines/travel_and_leisure/traveler-will-spend-more-this-year-on-holiday.

Frederick, S., and G. Loewenstein. 1999. "Hedonic Adaptation." In Well-being: *The Foundation of Hedonic Psychology*, eds. D. Kahneman, E. Diener and N. Schwartz, pp. 302–329. New York, NY: Russell Sage.

Fridgen, J.D. 1984. "Environmental Psychology and Tourism." *Annals of Tourism Research* 11, no. 1, pp. 19–39.

Gable, S., and J. Haidt. 2005. "What (and Why) Is Positive Psychology?" *Review of General Psychology* 9, no. 2, pp. 103–110.

Galante, J., I. Galante, M.J. Bekkers, and J. Gallacher. 2014. "Effects of Kindness-Based Meditation on Health and Well-being: A Systematic Review and Meta- analysis." *Journal of Consulting and Clinical Psychology* 82, no. 6, pp. 1101–1114.

Gilbert, D. 2007. *Stumbling on Happiness*. New York, NY: Vintage Books.

Glenville-Cleave, B. 2013. "Five Reasons to Focus on Flow." https://positivepsychologynews.com/news/bridget-grenville-cleave/2013022625517

Govindji, R., and, P.A. Linley. 2007. "Strengths Use, Self-Concordance and Well-being: Implications for Strengths Coaching and Coaching Psychologists." *International Coaching Psychology Review* 2, no. 2, pp. 143–153.

Griffith, D.A., and P.J. Albanese, 1996. "An Examination of Plog's Psychographic Travel Model with a Student Population." *Journal of Travel Research* 34, no. 4, pp. 47–51.

Hague, A. 2016. "What Does a Travel Planner Do?" https://travel4allseasons magazine.com/2016/06/16/what-doesa-travel-planner-do

Hammitt, W.E. 1980. "Outdoor Recreation: Is It a Multiphase Experience?" *Journal of Leisure Research* 12, no. 2, pp. 107–115.

Henik, A., F.J. Friedrich, and W.A. Kellog. 1983. "The Dependence of Semantic Relatedness Effects Upon Prime Processing." *Memory and Cognition* 11, no. 4, pp. 366–373.

"Hotels Finding Ways to Influence and Share Guests' Photos." 2018. http://hotelnewsnow.com/Articles/286451/hotels-finding-ways-to-influence-share-guests-photos

Howell, R.T., and G. Hill. 2009. "The Mediators of Experiential Purchases: Determining the Impact of Psychological Needs Satisfaction and Social Comparison." *Journal of Positive Psychology* 4, no. 6, pp. 511–522.

Hughes, J., and A.A. Scholer. 2017. "When Wanting the Best Goes Right or Wrong: Distinguishing Between Adaptive and Maladaptive Maximization." *Personality and Social Psychology Bulletin* 43, no. 4, pp. 570–583.

"Instagram Best Practices - 8 Content Tricks Used by Top Brands." 2020. http://hi.photoslurp.com/blog/instagram-best-practices-content/

Iyengar, S.S. 2011. *The Art of Choosing.* New York, NY: Twelve Publishers (Reprint Edition).

Iyengar, S.S., and M.P. Lepper. 1999. "Rethinking the Value of Choice: A Cultural Perspective on Intrinsic Motivation." *Journal of Personality and Social Psychology* 76, pp. 349–366.

Iyengar, S.S., R.E. Wells, and B. Schwartz. 2006. "Doing Better but Feeling Worse: Looking for the Best Job Undermines

Satisfaction." *Psychological Science* 17, no. 2, pp. 143–150.

Iyengar, S.S., and M.R. Lepper. 2000. "When Choice is Demotivating: Can One Desire Too Much of a Good Thing?" *Journal of Personality and Social Psychology* 79, no. 6, pp. 349–366.

Jackson, S.A. 1992. "Athletes in Flow: A Qualitative Investigation of Flow State in Elite Figure Skaters." *Journal of Applied Sport Psychology* 4, no. 2, pp. 161–180.

Jani, D. 2014. "Relating Travel Personality to the Big Five Factors of Personality." *Tourism: An International Interdisciplinary Journal* 62, no. 4, pp. 347–359.

John, O.P., L.P. Naumann, and C.J. Soto. 2008. "Paradigm Shift in the Inte-grative Big Five Trait Taxonomy: History, Measurement and Conceptual Issues." In *Handbook of Personality: Theory and Research*, 3rd ed., eds. O.P. John, R.W. Robins and L.A. Pervin, pp. 114–158. New York, NY: Guilford Press.

Kahle, L. 1983. "Dialectical Tensions in the Theory of Social Values." In *Social Values and Social Change: Adaptation to Life in America*, ed. L. Kahle, pp. 275–284. New York, NY: Prager.

Kasser, T., and R. Ryan. 1996. "Further Examining the American Dream: Differential Correlates of Intrinsic and Extrinsic Goals." *Personality and Social Psychology Bulletin* 22, no. 3, pp. 280–287.

Keltner, D., and J. Haidt. 2003. "Approaching Awe: A Moral, Spiritual and Aesthetic Emotion." *Cognition and Emotions* 17, no. 2, pp. 297–314.

Koncul, N. 2012. "Wellness: A New Mode of Tourism." *Economic*

Research 25, no. 2, pp. 525-534.

Kosinski, M., D. Stillwell, and T. Graepel. 2013. "Private Traits and Attributes are Predictable from Digital Recordings of Human Behavior." *Proceedings of the National Academy of Science* 110, no. 15, pp. 5802-5805.

Krause, N., and R.D. Hayward. 2014. "Assessing Whether Practical Wisdom and Awe of God are Associated with Life Satisfaction." *Psychology of Religion and Spirituality* 7, no. 1, pp. 51-59.

Kringelbach, M.L., and K.C. Berridge. 2010. "The Neuroscience of Happiness and Pleasure." *Social Research* 77, no. 2, pp. 659-678.

Kumar, A., and T. Gilovich. 2015. "Some 'Thing' to Talk About? Differential Story Utility from Experiential and Material Purchases." *Personality and Social Psychology Bulletin* 41, no. 10, pp. 1320-1331.

Kumar, A., M.A. Killingsworth, and T. Gilovich. 2014. "Waiting for Merlot: Anticipating Consumption of Experiential and Material Purchases." *Psychological Science* 25, no. 10, pp. 1924-1931.

Kurtz, J. 2017. *The Happy Traveler: Unpacking the Secrets of Better Vacations.* New York, NY: Oxford University Press.

Lakein, A. 1974. *How to Get Control of your Time and Your Life.* New York, NY: The New American Library (NAL).

Larsen, J., P. McGraw, and J.T. Cacioppo. 2001. "Can People Feel Happy and Sad at the Same Time?" *Journal of Personality and Social Psychology* 81, no. 4, pp. 684-696.

Larsen, J.T., and A.R. McKibban. 2008. "Is Happiness Having What

You Want, Wanting What You Have, or Both? *Psychological Science* 19, no. 4, pp. 371–377.

Le Bel, J.L., and L. Dube. 2001. "The Impact of Sensory Knowledge and Attentional Focus on Pleasure and Behavioral Responses to Hedonic Stimuli." Paper presented at the 13th American Psychological Association Convention. Toronto, Canada.

Levine, D. 2018. "Can You Boost Your Mental Health by Keeping a Journal?" http://health.usnews.com/health-care/patient-advice/articles/2018-09-24/can-you-boost-your-mental-health-by-keeping-a-journal

Litvin, S. 2006. "Revisiting Plog's Model of Allocentricity and Psychocentricity... One More Time." *Cornell Hospitality Quarterly* 47, no. 3, pp. 245–253.

Luna, T. 2015. "Surprise! Why the Unexpected Feels Good, and Why It's Good for Us." http://wnycstudios.org/podcasts/takeaway/segments/surprise-unexpected-why-it-feels-good-and-why-its-good-us

Mackenzie, S.H., and J.H. Kerr. 2013. "Stress and Emotions at Work: An Adventure Tourism Guide to Experiences." *Tourism Management* 36, pp. 3–14.

Maslow, A. 1943. "A Theory of Human Motivation." *Psychological Review* 50, no. 4, pp. 370–396.

Maslow, A. 1968. *Toward a Psychology of Being*, 2nd ed. New York, NY: Van Nostrand Reinhold Company Inc.

Massimini, F., and M. Carli. 1988. "The Systematic Assessment of Flow in Daily Experience." In *Optimal Experience*, eds. M. Csikszentmihalyi and I. Csikszentmihalyi, pp. 266–287. New

York, NY: Cambridge University Press.

Matz, S., and O. Netzer. 2017. "Using Big Data as a Window into Consumers' Psychology." *Current Opinion in Behavioral Sciences* 18, pp. 7–12.

McCrae, R.R. 2004. "Conscientiousness." In *Encyclopedia of Applied Psychology*, ed. C. Spielberger, pp. 469–472. Boston, MA: Elsevier Academic Press.

McGrath, R.E., and N. Wallace. 2021. "Cross-validation of the VIA Inventory of Strengths and Its Short Forms." *Journal of Personality Assessment* 103, no. 1, pp. 120–131.

Mikula, G., B. Petri, and N. Tanzer. 1990. "What People Regard as Unjust: Types and Structures of Everyday Experiences of Injustice." *European Journal of Social Psychology* 20, no. 2, pp. 133–149.

Moneta, G., and M. Csikszentmihalyi. 1996. "The Effect of Perceived Challenges and Skills on the Quality of Subjective Experience." *Journal of Personality* 64, no. 2, pp. 275–310.

Morris, J. 2019. "User-Generated Content & the Hospitality Industry: An Incredible Marketing Strategy." https://taggbox.com/blog/ugc-for-hospitality-industry/

Moscardo, G. 2011. "Searching for Well-being: Exploring Change in Tourist Motivation." *Tourism Recreation Research* 36, no. 1, pp. 15–26.

Mossberg, L. 2007. "A Marketing Approach to the Tourist Experience." *Scandinavian Journal of Hospitality and Tourism* 7, no.1, pp. 59–74.

Mueller, H., and E. Kaufmann. 2001. "Wellness Tourism: Market

Analysis of a Special Health Tourism Segment and Implications for the Hotel Industry." *Journal of Vacation Marketing* 7, no. 1, pp. 5–17.

Nawijn, J., M.A. Marchand, R. Veenhoven, and A.J. Vingerhoets. 2010. "Vacationers Happier, but Most Not Happier After a Holiday." *Applied Research in Quality of Life* 5, no. 1, pp. 35–47.

Noone, B.M., S.E. Kimes, A.S. Mattila, and J. Wirtz. 2007. "The Effects of Meal Pace on Customer Satisfaction." *The Cornell Hotel and Restaurant Association Quarterly* 48, no. 3, pp. 231–244.

Noy, C. 2004. "This Trip Really Changed Me: Backpackers' Narratives of Self-Change." *Annals of Tourism Research* 31, no. 1, pp. 78–102.

O'Donnell, J. 2015. "17 Facts about New Mexico You Never Would have Guessed." https://matadornetwork.com/notebook/17-facts-new-mexico-never-guessed/

Opperman, M. 1995. "Destination Threshold Potential and the Law of Repeat Visitations." *Annals of Tourism Research* 22, pp. 535–552.

Otake, K., S. Shimai, J. Tanaka-Matsumi, K. Otsui, and B.L. Fredrickson. 2006. "Happy People Become Happier Through Kindness: A Counting Kindness Intervention." *Journal of Happiness Studies* 7, no. 3, pp. 361–375.

Patel, N. 2015. "The Psychology of Excitement: How to Better Engage Your Audience." http://blog.hubspot.com/marketing/psychology-of-excitetment

Pearce, P.L. 2005. *Tourist Behavior: Themes and Conceptual Schemes.* Bristol, EN: Channel View Publications.

Pearce, P.L., S. Filep, and G. Ross. 2011. *Tourists, Tourism and the*

Good Life. New York, NY: Routledge.

Pearce, P.L., and F. Foster. 2007. "A University of Travel: Backpacker Learning." *Tourism Management* 28, pp. 1285–1298.

Pervin, L.A. 1989. *Personality Theory and Research*, 5th ed. New York, NY: John Wiley.

Peterson, C., and M. Seligman. 2004. *Character Strengths and Virtues: A Handbook of Classification*. New York, NY: Oxford University Press.

Pine, B.J., and J.H. Gilmore. 1998. "Welcome to the Experience Economy." *Harvard Business Review* 76, no. 4, pp. 97–105.

Pine, B.J., and J.H. Gilmore. 2019. *The Experience Economy, with a New Preface by the Author: Competing for Customer Time, Attention and Money*. Cambridge, MA: Harvard Business Review Press.

Plog, S.C. 1974. "Why Destination Areas Rise and Fall in Popularity." *The Cornell Hospitality Quarterly* 14, no. 4, pp. 55–58.

Plog, S.C. 1991. *Leisure Travel: Making It a Growth Market...Again!*. New York, NY: John Wiley.

Plog, S.C. 2001. "Why Destination Areas Rise and Fall in Popularity: An Update of a Cornell Quarterly Classic." *The Cornell Hotel and Restaurant Quarterly* 42, no. 3, pp. 13–24.

Plog, S.C. 2002. "The Power of Psychographics and the Concept of Venturesomeness." *Journal of Travel Research* 40, no. 3, pp. 244–251.

Pressman, S.D., K.A. Matthews, S. Cohen, L. M. Martire, M. Scheier, and A. Baum. 2009. "Association of Enjoyable Leisure Activities with Psychological and Physical Well-being." *Psychosomatic Medicine* 71, no. 7, pp. 725–732.

Quoidbach, J., M. Mikolajczak, and J.J. Gross. 2015. "Positive Interventions: An Emotional Regulation Perspective." *Psychological Bulletin*, 141, no. 3, pp. 655–693.

Rammstedt, B., and O.P. John. 2007. "Measuring Personality in One Minute or Less: A 10 Item Short Version of the Big Five Inventory in English and German." *Journal of Research in Personality* 41, p. 210.

Rashid, T. 2015. "Positive Psychotherapy: A Strength-based Approach." *The Journal of Positive Psychology* 10, no. 1, pp. 25–40.

Rettner, R. 2010. "Brain's Links Between Sounds, Smells and Memory Revealed." http://livescience.com/8426-brain-link-sounds-smells-memory-revealed

ReviewPro. 2019. "The Pros and Cons of Hotel Loyalty Programs." http://reviewpro.com/blog/pros-cons-loyalty-programs/

Rigoglioso, M. 2008. "Research Confirms: It's the Thought That Counts." https://gsb.stanford.edu/insights/research-confirms-its-thought-counts

Roberts, W. 2014. "The Joy of Anticipation." http://psychologies.co.uk/self/life- lab-experiment-mind-2html

Rokeach, M. 1979. "From Individual to Institutional Values with Special Reference to the Values of Science." In *Understanding Human Values: Individual and Societal*, ed. M. Rokeach, pp. 47–70. New York, NY: The Free Press.

Roser, M. 2020. "Tourism." http://ourworldindata.org/tourism

Schmitt, B.H. 2003. *Customer Experience Management: A Revolutionary Approach to Connecting with Your Customer.* New York, NY: John Wiley & Sons.

Schueller, S.M. 2014. "Person-Activity Fit in Positive Psychological Interventions." In *The Wiley Blackwell Handbook of Positive Psychological Interventions,* eds. A Parks and S.M. Schueller, pp. 385‒403, West Sussex, UK: John Wiley and Sons.

Seligman, M.E. 2002. *Authentic Happiness.* New York, NY: Simon Schuster.

Seligman, M.E. 2012. *Flourish: A Visionary New Understanding of Happiness and Well-being.* New York, NY: The Free Press.

Selstad, L. 2007. "The Social Anthropology of the Tourist Experience: Exploring the 'Middle Role'." *Scandinavian Journal of Hospitality and Management* 7, no. 1, pp. 19‒33.

Seltzer. L.F. 2017. "Feeling Understood Even More Important Than Feeling Loved." http://psychologytoday.com/us/blog/evolution-the-self/201706/feeling-understood-even-more-important-feeling-loved

Shashou, A. April 17, 2017. "4 Ways Concierges Can Use Technology to Craft the Guest Experience." https://hotel-online.com/pressrelease/4-ways-concierges-can-use-technology-to-craft-the-guest-experience

Sheldon, K.M., and A.J. Elliot. 1999. "Goal Striving, Need Satisfaction and Longitudinal Well-Being: The Self-Concordance Model." *Journal of Personality and Social Psychology* 76, no. 3, pp. 482‒497.

Shiota, M.N., D.J. Keltner, and A. Steiner. 2007. "The Nature of Awe: Elicitors, Appraisals, and Effects on Self-Concept." *Cognition and Emotion* 21, no. 5, pp. 944–963.

Shulman, N. 1992. *Zen and the Art of Climbing Mountains*. Boston, MA: Charles E. Tuttle Press.

Skinner, J., and D. Theodossopoulos. 2011. *Great Expectation: Imagination and Anticipation in Tourism*. New York, NY: Berghahn Books.

Smith, M., and L. Puczko. 2009. *Health and Wellness Tourism*. London: Butterworth-Heinemann.

Smith, S.L.J. 1990. "A Test of Plog's Model: Evidence from Seven Nations." *Journal of Travel Research* 28, pp. 40–43.

Soni, D. 2019. *An Introduction to the Big Five Theories of Personality*, Kindle Edition, Amazon.com Services, LLC.

Srivastava, S. 2021. "Measuring the Big Five Personality Domains." http://pages.uoregon.edu/sanjay/bigfive.html

Stephens, R. September, 2020. "Dive Into Your Own Private Pool in these Luxe Hotel Rooms." http://lonelyplanet.com/articles/hotels-with-private-plunge-pools

Strati, A., D.J. Shernoff, and H.Z. Kackar. 2012. "Flow." In *Encyclopedia of Adolescence*, ed. R. Levesque, pp. 1050–1059. New York, NY: Springer.

Stylianou-Lambert, T. 2012. "Tourists with Cameras: Reproducing or Producing." *Annals of Tourism Research* 39, no. 4, pp. 1817–1838.

Sutton, R. 1992. "Feelings About a Disneyland Visit: Photographs and Reconstruction of Bygone Emotions." *Journal of Management*

Inquiry 1, no. 4, pp. 278‒287.

Terra, J. 2020. "GDPR and What It Means for Big Data." http://simplilearn.com/search?tag=GDPR+and+what+it+me ans+for+big+data#/item_type=course, bundle

Trope, Y., and N. Liberman. 2003. "Temporal Construal." *Psychological Review* 110, no. 3, pp. 403‒421.

UNWTO. 2019. "Exports from International Travel Hit USD 1.7 Trillion." http://unwto.org/global/press-release/2019-06-06/exports-i nternational-tourism-hit-usd-1.7-trillion

UNWTO. 2020. "World Tourism Barometer No. 18 January 2020." http://unwto.org/world-tourism-barometer-n18-january-2020

Van Boven, L., and T. Gilovich. 2003. "To Do or To Have? That is the Question." *Journal of Personality and Social Psychology* 85, no. 6, pp. 1193‒1202.

Walker, W.R., J.J. Skowronski, and C.P. Thompson. 2003. "Life is Pleasant - and Memory Helps Keep It That Way." *Review of General Psychology* 7, no. 2, pp. 203‒210.

Walster, E., G.W. Walster, and E.S. Berscheid. 1978. *Equity Theory and Research*, MA: Boston, MA: Allen and Bacon.

Wang, N. 1999. "Rethinking Authenticity in Tourism Experiences." *Annals of Tourism Research* 26, no. 2, pp. 349‒370.

Waterman. A. 2008. "Reconsidering Happiness: A Eudaimonist's Perspective." *Journal of Positive Psychology* 3, no. 4, pp. 234‒252.

Wedel, M., and P.K. Kannan. 2016. "Marketing Analytics for Data-Rich Environments." *Journal of Marketing* 80, no. 6, pp. 97‒121.

Weiss, L. 2016. "5 Ways to Maintain Your Vacation Happiness." http://usnews.com/topics/author/liz-weiss/2016

"What You Should Know About Offering Personal Concierge Services at Your Hotel." 2019. https://reliablewater247.com/offering-hotel-personal-concierge-services

Wheeler, L., and K. Miyake. 1992. "Social Comparisons in Everyday Life." *Journal of Personality and Social Psychology* 62, no. 5, pp. 760-773.

Xie, P.F. 2016. "Optimal Arousal." In *Encyclopedia of Tourism*, eds. J. Jafari and H. Xiao, pp. 15-28. New York, NY: Springer.

Yeldell, R. 2017. "Big Data, Happy Guests: Using Analytics to Enhance the Guest Experience." http://business.comcast.com/community/browse-all/details/big-data-happy-guests-using-analytics-to-enhance-the-guest-experience

작가에 대하여

    버지니아 머피-버먼(Virginia Murphy-Berman)은 노스웨스턴 대학 (Northwestern University)에서 임상 심리학 박사 학위를 받았다. 그녀는 심리학에서 40년 동안 연구자이자 교육자로 활발히 활동했다. 그녀는 뉴욕 새러토가 스프링스(Saratoga Springs)에 있는 스키드모어 대학(Skidmore College)의 심리학과 교수로 12년간 재직하면서 정기적으로 웰빙과 비교문화심리학에 대해 강의하였다. 머피-버먼 박사는 이 분야의 많은 저널에서 리뷰어로 활동하였고, 두 저널의 편집 위원회에 소속되어 있다. 그녀는 모멘텀 출판사(Momentum Press)가 최근 발간한 두 권의 책―삶과 사회에서의 정의: 무엇이 옳다고 우리는 어떻게 결정하는가(2016)와 행복을 찾아서: 모든 것이 당신의 초점에 달렸다(2018)―을 포함, 다양한 심리학 분야에서 50개가 넘는 저널과 책 등을 출판하였다. 열정적인 세계 여행가인 머피-버먼 박사는 미국 전역, 아시아, 유럽 등지 등을 수없이 여행하였으며, 미국 외 해외 여러 나라에서 상당 기간 거주하였다. 현재 그녀는 은퇴하여 뉴욕 새러토가 스프링스에서 남편과 함께 살고 있다.

옮긴이 소개

이훈

Pennsylvania State University에서 관광·여가학 박사 학위를 취득하고, 현재 한국관광학회 회장, 한양대학교 국제관광대학원장을 맡고 있으며, 국가와 지자체의 문화관광 분야 정책자문을 하고 있다. 또한 한양대학교 관광연구소 소장으로 한국연구재단의 지원을 받아 장기간 여행행복 연구를 수행하고 있다.

김소혜

고려대학교 심리학과에서 석박사 학위를 취득하고 University of Illinois at Urbana-Champaign에서 여가 관광·여가학 박사 학위를 취득하였다. 현재 한양대학교 관광연구소에서 연구교수로 여행행복, 문화관광, 관광심리 관련 연구를 수행하고 있다.

더 즐겁게 여행하는 방법: 여행 만족에 이르는 길

2022년 6월 20일 초판 1쇄 인쇄
2022년 6월 25일 초판 1쇄 발행

지은이 Virginia Murphey-Berman
옮긴이 이 훈 · 김소혜
펴낸이 진욱상
펴낸곳 (주)백산출판사
교 정 박시내
본문디자인 오행복
표지디자인 오정은

저자와의
합의하에
인지첩부
생략

등 록 2017년 5월 29일 제406-2017-000058호
주 소 경기도 파주시 회동길 370(백산빌딩 3층)
전 화 02-914-1621(代)
팩 스 031-955-9911
이메일 edit@ibaeksan.kr
홈페이지 www.ibaeksan.kr

ISBN 979-11-6567-533-2 03980
값 17,500원